熱力学 —基礎と演習—

山下 弘巳
中 博之
田 E人
邉 勇
邊 秀二
成澤 雅紀
齊藤 丈靖
古南 博
森 浩亮
亀川 孝
著

朝倉書店

執　筆　者　(※は執筆者代表)

山下　弘巳※	大阪大学大学院工学研究科・教授	博士(工学)
杉村　博之	京都大学大学院工学研究科・教授	博士(工学)
町田　正人	熊本大学大学院自然科学研究科・教授	博士(工学)
森口　　勇	長崎大学工学部物質工学講座・教授	博士(工学)
田邉　秀二	長崎大学工学部物質工学講座・教授	工学博士
成澤　雅紀	大阪府立大学大学院工学研究科・准教授	理学博士
齊藤　丈靖	大阪府立大学大学院工学研究科・准教授	博士(工学)
古南　　博	近畿大学理工学部・准教授	博士(工学)
森　　浩亮	大阪大学大学院工学研究科・講師	博士(工学)
亀川　　孝	大阪大学大学院工学研究科・助教	博士(工学)

❗ 書籍の無断コピーは禁じられています

　書籍の無断コピー（複写）は著作権法上での例外を除き禁じられています。書籍のコピーやスキャン画像、撮影画像などの複製物を第三者に譲渡したり、書籍の一部をSNS等インターネットにアップロードする行為も同様に著作権法上での例外を除き禁じられています。

　著作権を侵害した場合、民事上の損害賠償責任等を負う場合があります。また、悪質な著作権侵害行為については、著作権法の規定により10年以下の拘禁刑もしくは1,000万円以下の罰金、またはその両方が科されるなど、刑事責任を問われる場合があります。

　複写が必要な場合は、奥付に記載のJCOPY（出版者著作権管理機構）の許諾取得またはSARTRAS（授業目的公衆送信補償金等管理協会）への申請を行ってください。なお、この場合も著作権者の利益を不当に害するような利用方法は許諾されません。

　とくに大学教科書や学術書の無断コピーの利用により、書籍の販売が阻害され、出版じたいが継続できなくなる事例が増えています。

　著作権法の趣旨をご理解の上、本書を適正に利用いただきますようお願いいたします。

〔2025年6月現在〕

はしがき

　ある人気 TV ドラマのクライマックスでヒロインが語った言葉,「水というものは不思議なものでございますね. 雨になったり, 湯げになったり, 氷になったり, 雪になったり, さまざまな姿になるけど, 本当はすべて水」. 私たちは, 水というものが, 氷（固体）, 水（液体）, 水蒸気（気体）の状態に変化すること, それを左右するのが温度や圧力であることを知っている. 熱力学は, このような身近な現象に深くかかわっている. 冷蔵庫で食物を冷やしたり, エアコンで部屋を暖めたり冷やしたり, お風呂で体を暖めたり, 圧力鍋で美味しい料理を作ったりする際に, 知らず知らずに熱力学の原理を利用しているのである.

　エンジンで走る自動車では燃費（効率）が気になるが, どれだけの量のガソリン（燃料, エネルギー源）を使えば, どれだけの走行距離（仕事）を出せるかを意識する際に,「エネルギー」,「熱」,「仕事」,「効率」など熱力学で出てくる言葉をよく使う. 燃費の悪い自動車が消費するガソリンから発生する二酸化炭素が地球温暖化の一因であるならば, 熱力学は環境問題が重要視される現在においても重要な学問分野であり続ける. 極端に言うと, 熱力学に関する現象を利用する場所や規模が, 溶鉱炉ならば材料工学, 化学プラントであれば化学工学, ビーカーであれば応用化学, 細胞であれば生化学, 自動車エンジンであれば機械工学, 地球規模ならば環境工学の分野に関連する. これらの例のように, 熱力学は多くの専門分野に通じる基礎学問でもある.

　熱力学は, 材料工学, 化学工学, 応用化学, 生化学, 機械工学, 環境工学などの理工系の学生が大学に入って最初に学ぶ専門科目である. エンタルピーやエントロピーなど初めて耳にする言葉や微積分の数式を見て, 抵抗感を感じる学生も多い. しかし, 熱力学は私たちの身近な生活に密着している学問であり, 日頃無意識に身の回りで起こる多くの現象を熱力学の考え方で理解することができる. 熱力学は, 身近な現象に対して"なるほど"と感じることができる大変ゆかいな学問である. 小・中・高の学校の理科（化学, 物理, 生物）で学んできた内容の多くは熱力学に関連した内容であり, 大学入学時に熱力学の基礎の基礎はすでに十分に身につけている. だから, 大学で最初に習う熱力学

の基礎は，抵抗なく学ぶことができるはずである．

　上記を踏まえ，本書の大きな特徴は以下の3点である．

　<u>1) 理工系の大学1，2回生が「熱力学」の"基礎"を学ぶのに適した教科書を目指している</u>．

　熱力学は，アトキンスやバーローの「物理化学」の教科書を利用して講義される場合が多いが，量子力学，量子化学，反応速度論が混在し，純粋に熱力学を学ぶには読みにくい．一方，「熱力学」の専門書では，ややこしい数式が氾濫していたり範囲が広すぎたりする．逆に，最近はやりの簡易な「熱力学」の入門書では物足らない．本書は，材料工学，化学工学，応用化学，生化学，機械工学，環境工学などの分野を目指す学生が，基礎学問としての「熱力学」の"基礎"を学べるように構成している．

　<u>2) 数多くの標準的で重要な演習問題とその解答と解き方を掲載している</u>．

　標準的で重要な演習問題を数多く解くことで理解を確認しながら深めることができる．すべての問題に対して解答だけでなくそこまでの過程をていねいに解説しているので，問題のキーポイントを効率的に理解できる．本書に掲載された演習問題は，期末試験や大学院の入学試験で必ず出題される傾向の問題でもあるので，成績向上や進学にも必ず役に立つであろう．

　<u>3) 熱力学を学ぶ重要性を示し，次のステップにつながるように構成した</u>．

　熱力学の基礎を学ぶことで，何に役立てることができるのか，身近な現象にどのようにかかわっているのか，どのようにこれから学ぶより深い専門分野につながるのか，などを伝える内容を随所に盛り込んでいる．

　本書の内容は次のようである．1，2章では物理化学・熱力学を学ぶ意義，3章では理想気体・実在気体の性質，4章ではミクロとマクロ現象をつなげる統計力学を学んでほしい．数式がやや多いが，式を追随すればわかるであろう．5，6章ではエンタルピー・エントロピーと熱力学第一，第二，第三法則，7章では自由エネルギーと化学平衡，8章では溶液の熱力学，9章では状態図の理解につながる相平衡について解説している．

　本書の刊行に際しては，朝倉書店編集部の方々に大変お世話いただいた．心より謝意を表したい．

2010年2月

著者一同

目　　次

1. ミクロとマクロの世界 …………………………………………………… 1
   1.1　ミクロとマクロの世界観　1
   1.2　物理化学とは　3
   1.3　物理量と基本単位と組立単位　4

2. 熱力学の概要 …………………………………………………………… 8
   2.1　熱力学とは　8
   2.2　熱と温度について　8
   2.3　熱力学の構成　10
   2.4　熱力学的平衡　12
   2.5　状態とその変化　13
   2.6　エネルギーの単位　15
   2.7　熱力学を学ぶ重要性　16

3. 気体の熱力学 ……………………………………………………………20
   3.1　理 想 気 体　20
   　　3.1.1　ボイルの法則（気体の圧力と体積の関係）　20／3.1.2　シャルルの法則（温度と体積の関係）　21／3.1.3　アボガドロの原理（物質量と体積の関係）　22／3.1.4　理想気体の状態方程式　23／3.1.5　理想混合気体（ドルトンの分圧の法則）　24
   3.2　気体分子運動論　25
   　　3.2.1　分子の平均速度　25／3.2.2　分子間の衝突回数と平均自由行程　28
   3.3　実 在 気 体　32
   　　3.3.1　圧縮因子と分子間相互作用　32／3.3.2　ファンデルワールスの式とビリアル式　33／3.3.3　気体の凝縮　35／3.3.4　臨界点　36／3.3.5　ファンデルワールス係数と臨界定数　37／3.3.6　換算変数と対応状態の法則　37

4 ボルツマン分布と分配関数 ……………………………… 42

4.1 統計力学　42

4.2 気体分子の空間分布　42

4.2.1 気体分子の分布　42／4.2.2 確率が最大となる分子分布　45

4.3 気体分子の速度分布　47

4.3.1 速度空間上での分子の分布　47／4.3.2 マックスウェル-ボルツマン分布　49／4.3.3 気体分子の速さの分布　51

4.4 分子の熱運動と内部エネルギー　52

4.4.1 ボルツマン因子と分配関数　53／4.4.2 エネルギー等分配の法則　55

4.5 量子化されたエネルギー準位でのボルツマン分布　60

5. エネルギー・エンタルピーと熱力学第一法則 ……………………… 68

5.1 系と周囲　68

5.2 エネルギー，熱量，仕事量　68

5.3 モル熱容量と内部エネルギー変化　70

5.4 熱力学第一法則　72

5.5 エンタルピー　75

5.5.1 エンタルピーの定義　75／5.5.2 標準エンタルピー変化　77／5.5.3 反応熱とエンタルピー変化　78／5.5.4 ヘスの法則　81／5.5.5 反応熱の温度依存性　83／5.5.6 定常流れ系のエネルギー保存の法則　85

6. エントロピーと熱力学第二，第三法則 ……………………………… 90

6.1 不可逆変化と可逆変化　90

6.1.1 不可逆変化, 可逆変化, 準静的変化　90／6.1.2 等温変化と断熱変化　90

6.2 熱機関（エンジン）　92

6.2.1 カルノー・サイクル　92／6.2.2 熱機関の仕事効率　96／6.2.3 冷却装置（ヒートポンプ）　97／6.2.4 永久機関　98／6.2.5 熱力学第二法則　98／6.2.6 温度の定義　100

6.3 エントロピー　100

6.3.1 エントロピーの熱力学定義　100／6.3.2 相変化にともなうエントロピー変化　102／6.3.3 トルートンの法則　102／6.3.4 温度変化にともなうエントロピー変化

104／6.3.5　定温での体積変化，圧力変化にともなうエントロピー変化　104／6.3.6　状態量であるエントロピー　105／6.3.7　エントロピーの分子論的解釈　106／6.3.8　熱力学第三法則　107／6.3.9　標準エントロピー　108

6.4　不可逆過程とエントロピー増大　109

6.4.1　熱移動　109／6.4.2　熱機関　109／6.4.3　クラウジウスの不等式とエントロピー増大の法則　111／6.4.4　化学反応にともなうエントロピー変化　112

7.　自由エネルギーと化学平衡 ……………………………………118

7.1　ヘルムホルツ自由エネルギーとギブズ自由エネルギー　118

7.2　最大仕事の原理　120

7.2.1　最大膨張仕事　120／7.2.2　最大の非膨張仕事　120

7.3　標準ギブズ自由エネルギー　121

7.4　化学反応の効率　122

7.5　熱力学的性質の相互関係　123

7.6　ギブズ自由エネルギーの圧力，温度依存性　125

7.6.1　圧力依存性　125／7.6.2　温度依存性　126

7.7　化学ポテンシャル　127

7.8　気体の化学ポテンシャル　129

7.8.1　純物質の完全気体の化学ポテンシャル　129／7.8.2　実在気体の化学ポテンシャル　129

7.9　化　学　平　衡　130

7.10　いろいろな平衡定数　132

7.11　平衡に対する外部条件の影響　134

7.11.1　平衡に対する圧力の影響　134／7.11.2　平衡に対する温度の影響　135

7.12　相　平　衡　137

7.12.1　相転移　137／7.12.2　相境界　139／7.12.3　気相との相境界線　140

8.　溶液の熱力学 ………………………………………………………144

8.1　溶液の濃度の表し方　144

8.1.1　モル分率　144／8.1.2　容量モル濃度　144／8.1.3　質量モル濃度　145

8.2　理想気体の混合　145

8.3 理想溶液　147

　　8.3.1 混合における体積変化　147／8.3.2 混合のエントロピー変化　147／8.3.3 混合のエンタルピー変化　148

8.4 部分モル量と化学ポテンシャル　148

　　8.4.1 部分モル体積　148／8.4.2 部分モル量　149／8.4.3 化学ポテンシャル　150

8.5 非理想溶液　151

　　8.5.1 ヘンリーの法則　151／8.5.2 活量と活量係数　152

8.6 束一的性質　153

　　8.6.1 蒸気圧降下　154／8.6.2 沸点上昇　155／8.6.3 凝固点降下　156／8.6.4 浸透圧　157

9. 相平衡 ··· 161

9.1 相転移の基本常識　161

9.2 相平衡に対する温度・圧力の影響　162

9.3 一成分系の相図　164

9.4 二成分系の相図　166

10. 総括演習問題 ··· 174

参考文献 ··· 186

索　引 ··· 187

1 ミクロとマクロの世界

1.1 ミクロとマクロの世界観

　私たちはさまざまな物質に囲まれて暮らしている．それらの物質を構成しているものは，原子・分子である．しかし，通常の生活のなかで，私たちは原子・分子を1個ずつ意識することはない．たとえば，身近な物質である水は，1分子として1個の酸素原子と2個の水素原子からなるが，水分子1個を実感することは難しい．水分子1個を分離して取り出すことすら難しいが，たとえ取り出すことに成功しても，水分子1個は，私たちにとっては，目に見えないほど小さくて，感じられないぐらい軽い．水分子が数多く集まることで私たちは水の存在を目で見て，手で触れて感じることができる．しかし，実感できるコップ1杯の水と実感することが難しい1分子の水は，水という同じ物質である．水が膨大な数の分子の集合体として存在するか，個々の分子として存在するかの違いが，われわれの実感の違いになっている．水分子が数多い分子の集合体として振る舞うことで，個々の分子の振る舞いにはない集合体としての新たな特性が生まれてくる．私たちが身をもって感知できる物質のほとんどは原子・分子の集合体である．目で見ることができるような膨大な数の粒子（原子・分子）からなる集合体の性質を理解しようとするのがマクロな（巨視的）世界観（macroscopic description）であり，私たちが日常馴染んで意識しやすい世界観である．これに対して，目で直接見ることができないほど小さな粒子（原子・分子）の個々の挙動を理解しようとする姿勢がミクロな（微視的）世界観（microscopic description）といわれる．物質の性質を，個々の粒子（原子・分子）の性質から，その集合体の性質として理解する際には，このミクロとマクロの2つの世界観の差異と関連を理解し意識することが必要となる．

ところで，水は3原子からなる分子である．同じ3原子からなる分子である二酸化炭素は常温常圧で気体であるのに，水は液体である．この説明をする際に利用するのは量子化学（quantum chemistry）という学問分野である．水分子は電荷が偏在している極性分子であるため，水素結合と呼ばれる分子間力が働き，分子同士が相互作用している．水の酸素原子は水素原子との結合に関与しない孤立電子対を有している．このため酸素原子上に負電荷が，水素原子上に正電荷が偏在する．また，孤立電子対の存在により，水分子の3原子は直線上ではなく，H-O-H結合が約104度に折れた状態で存在する．この結果，電荷の分布の対象が崩れ，水分子は極性を有することになる．この極性により分子間が静電的な相互作用をし，水素結合を通して互いにつながることで，常温常圧では水分子は集合体となり液体として存在する．

一方，二酸化炭素は，O=C=Oと3原子が直線上に並んだ対称性の良い直線分子である．2個の酸素原子がやや負電荷を帯びるが，分子構造の対称性が良いために，電荷の偏在が打ち消され，二酸化炭素は極性を持たない非極性分子となる．このため，分子間の相互作用が希薄になり，二酸化炭素は個々の分子が束縛されず自由に動き回るため，常温常圧条件下では気体として存在する．これらの説明は分子内の電子の分布を検討する量子化学の学問分野で説明される（図1.1）．

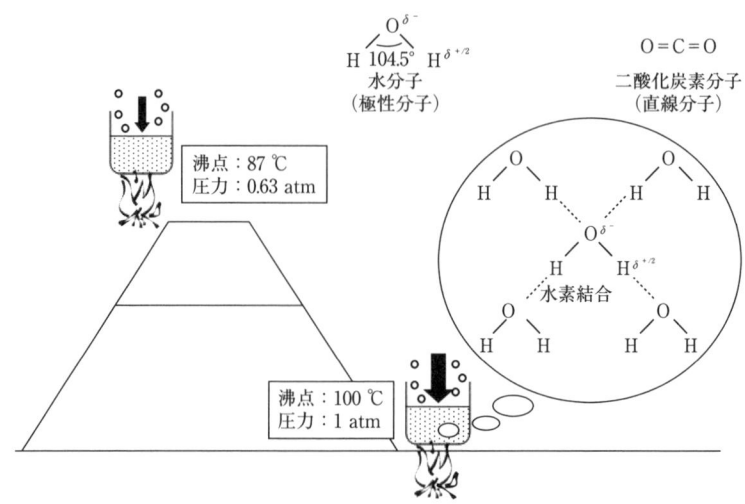

図1.1　マクロ・ミクロ世界観から見る水の振る舞い

一方，富士山の山頂で水が 100 ℃（373.15 K）にならずに沸騰する．あるいは二酸化炭素の入ったビール瓶を空けたときに，二酸化炭素が泡となって現れる．これらの現象を説明する際に利用する学問分野は，個々の原子・分子の特性を検討する量子化学ではなく，数多くの原子・分子の集合体の特性を検討する熱力学（thermodynamics）という学問分野である．熱力学は，注目する系における物質やエネルギーの移動や平衡を理解するのに必要な学問である．

1.2 物理化学とは

物理，化学，生物学など自然科学の学問は物質を対象としている．物質の構造・性質（物性）・反応（変化）を解明し理解しようとする学問体系が物理化学（physical chemistry）である．物理化学はマクロ世界における物質の構造・性質・反応をミクロ世界の個々の原子・分子の構造・性質・反応の立場から理解することを目指している．

私たちが日常的に意識するマクロ世界の現象は膨大な数の原子・分子が集まった集合体の性質を反映している．この集合体が織りなすマクロな現象を対象として理解しようとする学問には，古典的に体系が確立されているニュートン力学や電磁気学，そして熱力学，速度論である．一方，直接に感知することができないミクロ世界の現象である個々の原子・分子の振る舞いを，原子・分子のなかの電子の存在状態や挙動を明らかにして理解しようとするのが量子力学や量子化学であり，それを利用し物質の構造や状態を解明しようとする試みが分光学や構造化学である．したがって，物理化学において最も大切な分野となるのが，マクロ世界を表現する熱力学とミクロ世界を説明する量子力学・量子化学である（図 1.2）．

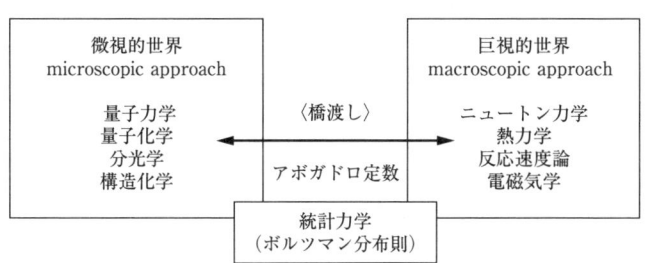

図 1.2　物理化学分野のミクロ・マクロ世界観

微視的世界と巨視的世界を結びつけているのがアボガドロ定数（Avogadro constant）という数字であり，統計力学（statistical mechanics）という学問分野である．水分子がアボガドロ数という膨大な数に集まると，18グラムや18ミリリットルと，目で見ることができる大きさで重さが実感できる．しかし，物質を構成する膨大な数の粒子（原子・分子）はすべて同じ状態にあり画一的な振る舞いをしているのではなく，それぞれ異なる状態や性質を持つ多数の粒子が集まって物質を構成している場合が主である．そため集合体である物質の性質を表すためには，膨大な数の粒子を統計的に処理する必要があり，その手法が統計力学になる．すなわち，＜個々の粒子の振る舞い→（統計的処理）→集合体物質の性質＞であり，＜量子力学→（統計力学）→熱力学＞とつながりがあると見なすこともできる．特に，異なる状態にある多数の粒子の存在割合を導くボルツマンの分布式（Boltzmann distribution）は統計力学において，最も大事な関係式の一つとなる．一方で，熱力学は，量子力学が発展する以前に，すでに確立された学問であり，巨視的な現象を巨視的にとらえようとして完成された学問でもある．

1.3 物理量と基本単位と組立単位

物理量の世界的に統一された単位系として国際単位系（SI単位，The International System of Units）が利用されている（表1.1）．長さの単位（メートル（m）），質量の単位（キログラム（kg）），時間の単位（秒（s））など7つの基本的な物理量に対応した7つの基本単位が決められている．さらに，力の単位（ニュートン（N）），エネルギーの単位（ジュール（J））などは組立単位（derived units）と呼ばれ，基本単位を組立てて定義されている（表1.2）．ま

表1.1　SI基本単位の名称と記号

物理量	SI単位の名称	SI単位の記号
長さ（length）	メートル（metre）	m
質量（mass）	キログラム（kilogram）	kg
時間（time）	秒（second）	s
物質量（amount of substance）	モル（mole）	mol
熱力学温度（thermodynamic temperature）	ケルビン（Kelvin）	K
電流（electric current）	アンペア（ampere）	A
光度（luminous intensity）	カンデラ（candela）	cd

た，きわめて大きな物理量や小さな物理量を表現する場合には，大きな正負のべき乗の付いた数値になることが多い．この際の読みにくさを回避するためによく接頭辞をつけて表現される（表1.3）．一方，表1.4には，よく使用する基本物理定数の値を，表1.5には，よく使用する非SI単位をまとめている．

表1.2 SI組立単位の名称と記号

物理量	SI単位の名称	SI単位の記号	SI基本単位による表現
周波数・振動数	ヘルツ	Hz	s^{-1}
力	ニュートン	N	$mkgs^{-2}$
圧力	パスカル	Pa	Nm^{-2} ($m^{-1}kgs^{-2}$)
エネルギー	ジュール	J	Nm (m^2kgs^{-2})
仕事率	ワット	W	Js^{-1} (m^2kgs^{-3})
電荷	クーロン	C	As
電位（差）・電圧	ボルト	V	JC^{-1} ($m^2kgs^{-3}A^{-1}$)
電気抵抗	オーム	Ω	VA^{-1} ($m^2kgs^{-3}A^{-2}$)
静電容量	ファラド	F	CV^{-1} ($m^{-2}kg^{-1}s^4A^2$)
セルシウス温度	セルシウス度	℃	$K(\theta/℃ = T/K - 273.15)$

表1.3 SI接頭語

倍数	接頭語	記号	倍数	接頭語	記号
10^{-1}	デシ	d	10	デカ	da
10^{-2}	センチ	c	10^2	ヘクト	h
10^{-3}	ミリ	m	10^3	キロ	k
10^{-6}	マイクロ	μ	10^6	メガ	M
10^{-9}	ナノ	n	10^9	ギガ	G
10^{-12}	ピコ	p	10^{12}	テラ	T
10^{-15}	フェムト	f	10^{15}	ペタ	P
10^{-18}	アト	a	10^{18}	ヘクサ	E

表1.4 基本物理定数の値

真空中の光速度	$c = 2.99792 \times 10^8$ ms^{-1}
電気素量	$e = 1.60218 \times 10^{-19}$ C
電気の静止質量	$m_e = 9.10938 \times 10^{-31}$ kg
プランク定数	$h = 6.62607 \times 10^{-34}$ Js
真空の誘電率	$\varepsilon_0 = 8.85419 \times 10^{-12}$ $C^2N^{-1}m^{-2}$
	$4\pi\varepsilon_0 = 1.11265 \times 10^{-10}$ $C^2N^{-1}m^{-2}$
ボーア半径	$a_0 = 5.29177 \times 10^{-11}$ m $= 52.9177$ pm
アボガドロ定数	$N_A = 6.02214 \times 10^{23} mol^{-1}$
気体定数	$R = 8.31447$ $JK^{-1}mol^{-1}$
	$= 0.0831447$ $l\ bar\ K^{-1}\ mol^{-1}$
ボルツマン定数	$k = \dfrac{R}{N_A} = 1.38065 \times 10^{-23}$ JK^{-1}
理想気体のモル体積	22.413996×10^{-3} $m^3\ mol^{-1}$ （1 atm, 0℃）

表1.5 よく使われる非SI単位

物理量	単位の名称	記号	SI基本単位による表現
長さ	オングストローム	Å	10^{-10} m = 100 pm
	ミクロン	μ	10^{-6} m
体積	リットル	l, L	$dm^3 = 10^{-3}\,m^3$
質量	トン	t	10^3 kg
エネルギー	カロリー	cal	4.184 J
	電子ボルト	eV	1.60218×10^{-19} J
圧力	気圧（アトム）	atm	101325 Pa
	トル	Torr	133.322 Pa
	バール	bar	10^5 Pa
濃度	モル毎リットル	M	$10^{-3}\,mol\,m^{-3}$

演 習 問 題

【問1.1】 SI単位

気体定数 $R = 0.08205\,l\,atm\,mol^{-1}\,K^{-1}$ を SI 基本単位に直せ．

（解）

$1\,l = 10^{-3}\,m^3$, $1\,atm = 1.01325 \times 10^5\,Pa = 1.01325 \times 10^5\,m^{-1}\,kg\,s^{-2}$ より

$R = 0.08205\,l\,atm\,mol^{-1}\,K^{-1}$

$= 0.08205 \times (10^{-3}\,m^3) \times (1.01325 \times 10^5\,m^{-1}\,kg\,s^{-2})\,mol^{-1}\,K^{-1}$

$= 8.314\,m^2\,kg\,mol^{-1}\,s^{-2}\,K^{-1}$

【問1.2】 SI単位

1 atm の圧力のとき，水銀圧力計の水銀面の高さ（h）は 760 mm である．水銀の密度（ρ）13.5951 g cm^{-3}，重力加速度（g）9.80665 m s^{-2} を利用して，圧力 1 atm を SI 基本単位や SI 組立単位に直せ．

（解）

$1\,atm = \rho \cdot g \cdot h$

$= (13.5951 \times 10^{-3} \times (10^{-2})^{-3}\,kg\,m^{-3}) \times (9.80665\,m\,s^{-2}) \times (760 \times 10^{-3}\,m)$

$= 1.01325 \times 10^5\,m^{-1}\,kg\,s^{-2}$

$= 1.01325 \times 10^5\,Nm^{-2}$

$= 1.01325 \times 10^5\,Pa$

$= 1.01325\,hPa$（ヘクトパスカル）

【問 1.3】 接頭語

5×10^{-8} m を nm, μm, Å, pm を使って示せ．

（解）

50 nm, 0.05 μm, （1Å＝1×10^{-10} m＝100 pm）なので 500 Å, 50000 pm

【問 1.4】 ミクロ

ミクロとマクロを長さで区別するとすれば，私たちが目で感知することができる可視光線の波長が一つの区切りとみなすこともできる．可視光線の波長域を示せ．

（解）

おおよそ 400〜800 nm．可視光線は，おおよそ短波長側が 360〜400 nm，長波長側が 760〜830 nm の電磁波（JIS の定義）なので，1 μm＝1000 nm の接頭語 μ マイクロ（micro, 記号：μ）をミクロと発音することに関連する．

2 熱力学の概要

2.1 熱力学とは

熱力学 (thermodynamics) とはその名の示すとおり，熱エネルギーの力学的エネルギーへの変換に由来する．水を入れたやかんを火にかけると，水蒸気の力でふたが押し開けられる．実用的な例としては蒸気機関や内燃機関がある．これらが本来の熱力学の対象であったが，今日の熱力学はもっと多様な形態のエネルギーの変換を取り扱う学問である．熱力学は量子化学 (quantum chemistry)，速度論 (kinetics) とならんで大学で学ぶ物理化学の三大基礎分野といえる．

2.2 熱と温度について

そもそも「熱 (heat)」とは何だろうか．われわれは物体に熱を加える——すなわち加熱する——と物体の「温度 (temperature)」が上昇することを知っている．しかし，「熱」と「温度」は全く違うことは次の例から明らかである．

同じ温度の物体の量を 10 倍にしても，温度はもとのままである

同じ温度の物体の量を 10 倍にすると，熱量は 10 倍になる

熱のように物質量に依存する性質は示量性 (extensive) といい，一方，温度のように物質の量には関係なく，強さを示す性質は示強性 (intensive) という．給湯器から 40℃ の湯を 20 リットルためても 200 リットルためても温度に違いはないが，熱量は後者では 10 倍になる．20 リットルでは手足しか温めることができないが，200 リットルあれば全身をたっぷりと温めることができることからもその違いを実感できよう．この熱は湯の温度が 40℃ であればこ

そ実感できるが，体温と同じ36℃のお湯ではそうはいかない．さらに30℃のぬるま湯だと逆に全身から熱が奪われてしまう．このように熱は物体間を移動してはじめて姿を現すといってもよい．熱の移動を起こすには物体の間に温度差が必要である．40℃，200リットルの湯は40℃，20リットルの湯に比べて10倍の熱量を持つが，両者を接しても正味の熱の移動はない．熱エネルギー（heat energy）は，温度差が原因となって，一つの物体から他の物体へ単独で移動するエネルギーの一形態といえよう．

この「熱エネルギーが移動する」という表現は具体的に何を意味するのであろうか．答えは第1章に述べたミクロな粒子（分子・原子・イオン）の運動と密接に関係する．熱エネルギーを受け取った物質ではミクロな粒子の運動が活発になる．言い換えれば，熱エネルギーはミクロな粒子の運動エネルギーとして蓄えられるのである．化学者にとってミクロな視点は非常に重要である．しかしながら熱力学では，たとえこのようなミクロな粒子の性質や構造に関する知見がなくても，変化の方向と程度を予測できる．分子や原子の概念に重大な変更があったとしても熱力学が導く結論に影響はないのである．これは熱力学という学問が，非常に多くの数の分子を含む物質の振る舞いをマクロな視点から実験的に観察することによって体系化されてきたからにほかならない．量子化学が個々の分子・原子の構造や性質に関するミクロな視点の科学であるのとは対極的であるといえよう．

個々の分子の挙動をミクロな視点から取扱って，われわれが目にするマクロな集合体全体の性質を記述する方法もある．統計力学と呼ばれるこれらの手法はいわばミクロの世界（量子力学）とマクロの世界（熱力学）との橋渡しをしてくれる．2つの視点は矛盾することなく同じ結論を導いてくれる．本書では熱力学の本題に入る前に，第3章および第4章でこれら2つの視点について学ぶ．

一方，温度とは，熱（ミクロな粒子の運動エネルギー）を他の物体へどれだけ与えたり，あるいは他の物体からどれだけ受け取ったりするかを示す尺度といえる．温度という特性の存在は次の例から明らかである．図2.1は3つのゴム風船に入れられた気体A，BおよびCを示している．ゴム風船の中で一定量の気体Aは定圧に保たれ，その体積が時間とともに変動しているとしよう．同様な挙動が他の気体B，Cについても観察されるとする．3つの気体の圧力

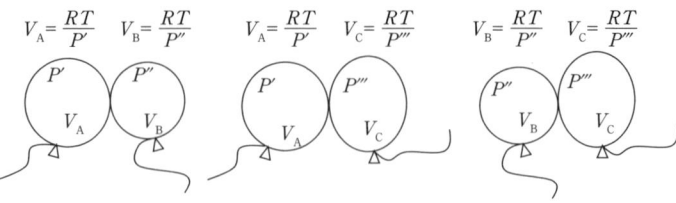

図 2.1 気体 A, B および C を接したときの体積と圧力の関係

は必ずしもすべて同一である必要はないが，一定に保たれている．いま A を B と接触させたとき，それぞれの体積 V_A と V_B を記録する．ついで B のかわりに C と A を接触させ，A の体積が再び V_A になる状態を待ち，そのとき C の体積 V_C を記録する．さらに B と C を接触させて B の体積が V_B となったときの，C の体積を求めると常に V_C であることが観察される．したがって，3 つの気体の状態を決める同じ量が存在することになる．この量こそが温度であって，実験的結果は熱力学の第零法則（zeroth law of thermodynamics）として知られている．熱の正味の移動がなくなるまで任意の 2 つの物体を接触させておくと，2 つの物体について同一である唯一の量がその温度である．2 つの物体の温度が同じになった状態を熱的平衡あるいは熱平衡（thermal equilibrium）といい，この状態では 2 つの物体の大きさに関係なく，正味の熱の移動はゼロになる．前述の 40 ℃，200 リットルの湯と 40 ℃，20 リットルの湯とを接した場合も熱的平衡が成立している．

2.3 熱力学の構成

前節で例として用いた湯や気体の記述は，ある重要な点を無視しており，現実的でないことに気づいたであろうか．熱は注目する物体間のみを移動するというわけではないのだ．実際には物体を入れた容器や空気など周囲を取り囲んでいる環境を通じて徐々に散逸してしまう．この影響を除くためには，注目する対象が周囲の環境から独立していると仮定すればよい．注目する対象を「系（system）」といい，「周囲（surroundings）」から孤立している場合を孤立系という．これに対して，系と周囲との間に物質，熱あるいは力学的な仕事がやりとりされる場合がある．やりとりの有無によって，図 2.2 に示すように次の 4 つに分類される．

2.3 熱力学の構成

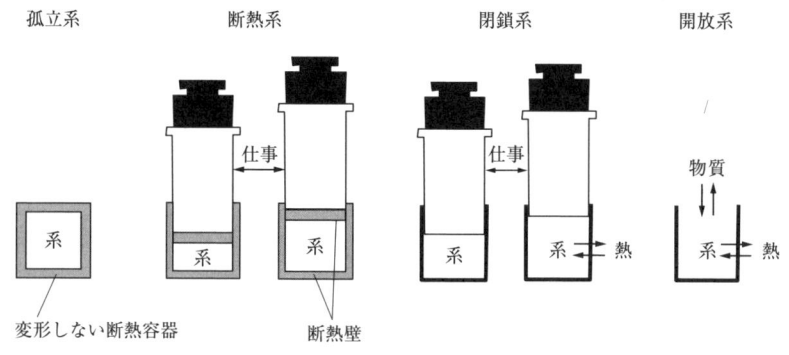

図 2.2 系と周囲との関係

孤立系（isolated system）：物質も熱も仕事もやりとりしない完全に周囲から遮断されている系．［例］変形しない緻密な断熱容器の中の気体．

断熱系（adiabatic system）：物質および熱は出入りしないが，仕事のやりとりはある系．［例］内壁を断熱材でコートし，先端を封じた注射器の中の気体．

閉鎖系（closed system）：物質は出入りしないが，熱と仕事はやりとりする閉じた系．［例］内壁を断熱材でコートしていない，先端を封じた注射器の中の気体．

開放系（open system）：物質も熱も仕事もやりとりする開いた系．［例］フタのない容器の中の気体．

系と周囲との概念図を図2.3に示す．ここで系の全エネルギーを内部エネルギー（internal energy）U といい，系が持つ化学的エネルギー，運動エネルギー，電気的エネルギー，核エネルギーなどすべての起源のエネルギーの総和を示す．内部エネルギーの絶対値を知ることはできない．しかし，系と周囲との間で熱あるいは力学的な仕事がやりとりされれば，内部エネルギーは変化するであろう．その変化量 ΔU さえわかれば十分なのである．仕事とは，系によって周囲に

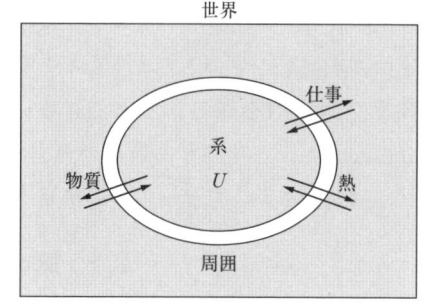

図 2.3 熱力学の構成を示す概念図

なされる力学的エネルギーであって，最も典型的な例は気体の膨張または圧縮である．これは PV 仕事と呼ばれ，ピストンを押し上げるように力がある距離の間作用することによって周囲との間で力学的なエネルギーをやりとりする．気体の体積変化の仕事など化学とは関係なさそうだが，たとえば定圧下で起こる化学反応で，気体反応物が減少したり，気体生成物が生成したりして系の体積変化を伴う場合がこれに相当する．周囲との仕事のやりとりの結果は，反応の行方に重大な影響を及ぼすことになる．力学的エネルギーの形態には電気的仕事もある．電気化学仕事では，電荷が高電位から低電位の状態へもしくはその逆方向に変化する．

図2.2の4つのいずれの場合も，変化は系と周囲とから構成される「世界」の中のみに影響を与え，その外側には全く影響しない．すなわち，世界は系と周囲とから構成され，その外部から孤立しているとみなす．しかし現実には孤立した世界など存在しないので，あくまで理想化した概念である．特に熱のやりとりを完全に阻止することはできない点は熱力学を学ぶ上で頭の隅においておく必要がある．

熱力学では以上の要素を用いて，以下に示すわずか3つの基本法則によって物質の化学変化と状態変化のエネルギーをまとめて表現し，重要な情報を論理的に導くことができる．

第一法則：系のエネルギーの保存則（第5章）
第二法則：系の変化の方向（第6章）
第三法則：絶対零度の定義（第6章）

第一法則は系の内部エネルギー変化 ΔU が周囲との間でやり取りされる力学的仕事あるいは熱エネルギーの和に等しいことを示す．実用的には内部エネルギーの代わりにより便利なエンタルピー（enthalpy）H を定義して用いる．直感的に理解しやすいこのエネルギー収支の法則だけでは，系の自発的変化の方向や平衡状態を知ることはできない．そこで第二法則では，エントロピー（entropy）S と呼ばれる新しい熱力学的性質を定義する．さらに第三法則では，物質のエントロピーの値を決定するための基準を定める．

2.4 熱力学的平衡

2.2節において系と周囲との温度が等しく，熱の正味の移動がなくなった状

態を熱的平衡と定義した．ここでは，この平衡の考え方をさらに拡張してみよう．系内のどの場所においても一定の均一な圧を受け，一定，均一な温度に保たれた閉じた系は，時間の経過とともに，系の特性の変化がそれ以上起こらない状態については到達するであろう（どれだけの時間がかかるかは問題にしない）．この場合，たとえ変化の起こる方向を変えても（たとえば低温側あるいは高温側から所定の温度に近づけるなど）同じ平衡状態に到達しなければならない．このような状態に達した場合に，系の圧力が均一で体積に変化がなければ，力学的平衡（mechanical equilibrium）という．系はいくつかの異なる相（phase）（固相，液相，気相など）から構成されるかもしれない．系のいかなる相においても，あるいは相の間，たとえば液体と固体の間にもそれ以上の正味の化学変化がなく，各相の化学組成が一定な場合を化学平衡（chemical equilibrium）という．系が力学的，熱的，かつ化学的な平衡を同時に満足するとき，熱力学的平衡（thermodynamic equilibrium）という．

　以上の平衡状態は，あくまで見かけの上での話であることに注意しなければならない．実際には変化は起こり続けているが，正方向の変化と逆方向の変化とが全く同じ速度で進行するため，正味の変化がないのである．これを動的平衡（dynamic equilibrium）といい，変化が完全に静止した静的平衡（static equilibrium）とは異なる．

2.5　状態とその変化

　熱力学（thermodynamics）という用語の dynamics の部分は，系の状態が静的ではなく，動的に変化することを意味している．平衡状態でなお動的である事実から熱力学の本質を垣間見ることができる．次に一つの平衡状態から他の平衡状態へと正味の変化を起こす場合について考えよう．この変化を表現するためには，変化の前後における系の状態をそれぞれ記述しなければならない．通常用いられる変数は，組成，温度，圧力および体積から選ばれる．たとえば図 2.4 に示すある気体の圧力 P，体積 V，温度 T の相関図の中の位置を決めることに相当する．位置は P, V, T を指定すれば決まる．この P, V, T などの変数を系の状態変数という．状態変数には前述のように示強性（P, T）のものと示量性（V）のものとがある．これらの状態変数の経時変化のない熱力学的平衡状態にある系は，その位置に応じて 1 組の状態変数で定義でき

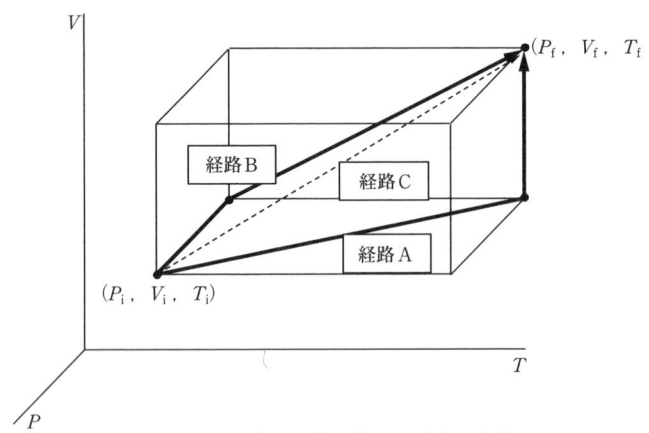

図 2.4 始状態から終状態への変化の過程

表 2.1 変化の過程と操作条件

過程の種類	操作条件
等温（定温）過程	T 一定，熱の出入りがある
断熱過程	T 変化，熱の出入りがない
定容（定積）過程	V 一定
定圧過程	P 一定

るのである．こうして図の中に系の始状態（P_i, V_i, T_i）と終状態（P_f, V_f, T_f）の位置が決まる．示量性変数を限定するには，物質の質量あるいはモル数を定めるべきである．変化に伴うエネルギーを求めるためには，どれだけの物質が系内に存在するか知らなければならないからである．

次に始状態から終状態への変化について考えてみる．図 2.4 に示すように変化の経路（過程）は 1 通りではなく，操作条件によって無数に考えられる．操作条件は表 2.1 のとおりである．

このように定義された始状態と終状態の系の内部エネルギー U の変化 ΔU は，経路には依存せずに 2 つの状態のみで決まる．すなわち，図 2.4 で始状態から，定容過程→等温定圧過程を経由する経路 A も，あるいは等温定容過程→定圧過程を経由する経路 B も同じ ΔU を与える．もちろん，変化を 2 段階に分けずに，始状態から終状態へと直線的に直接変化する経路 C でも結果は同じである．このような熱力学的特性を状態関数（state function）という．U の他にもエンタルピー H（第 5 章），エントロピー S（第 6 章），自由エネルギ

－G（第7章）なども状態関数である．これに対して，仕事，熱エネルギーは経路に依存するので状態関数ではない．

変化の経路の途中の平衡が保たれているかどうかはその変化を起こす操作方法によって決まる．仮に変化の経路が微小な変化の繰り返しから構成され，それぞれの微小の変化が熱力学的平衡を保持しながら無限の時間をかけて連続して進行する場合，これを「可逆的過程（reversible process）」という．これとは対照的に，変化の経路の途中で熱力学的な平衡が保たれない場合，「不可逆過程（irreversible process）」という．自然界で自発的に起こる過程はすべて不可逆である．可逆過程と不可逆過程については第6章において詳細に学ぶ．熱力学の考え方は可逆的な過程を基本としている．言い換えれば時間の因子，すなわち変化の起こる速度は考慮されない．この点さえ注意すれば，変化の有無とその方向と行方は正しく導くことができる．時間の因子も考慮したより現実的な取り扱いをするには熱力学のあとに速度論を学ぶ必要がある．

2.6　エネルギーの単位

エネルギーは仕事をする能力であり，その形態は表2.2に示すように多様である．すべての形態のエネルギーは同一の単位（J，l atm，eVなど）で示す．これらはみな組立単位であるので，それぞれ基本単位に書き下すことで容易に理解できる．

$J = Nm = kg\,m^2\,s^{-2}$

$l\,atm = 1.013 \times 10^{-3} m^3\,Pa = 1.013 \times 10^{-3} m^3\,Nm^{-2} = 1.013 \times 10^{-3}\,kg\,m^2\,s^{-2}$

Jとl atmとは気体定数Rの単位のなかにしばしばみられる．Rには，

$R = 8.314\,JK^{-1}\,mol^{-1} = 0.08314\,l\,bar\,K^{-1}\,mol^{-1} = 0.082\,l\,atm\,K^{-1}\,mol^{-1}$

の3種の表現がしばしば見られ戸惑うかもしれないが，上記の単位の換算をすれば容易に理解できよう．理想気体の状態方程式$PV = nRT$が，単なるPVT計算のための式ではなく，気体分子のエネルギーに関する式であることは左右の項の単位から自明である．気体の種類に関係なく，共通してこの単純な式で表現できるという驚くべき事実は，あらゆる気体の内部エネルギーが温度のみを変数とする関数（$3/2\,RT$）で表されることに基づい

James Prescott Joule, 1818.12.24–1889.10.11

表2.2 エネルギーの種類

運動エネルギー (kinetic energy)	運動している物体によって保持されるエネルギー
ポテンシャルエネルギー (potential energy)	接近した分子対には，引力もしくは反発力が働いており，無限距離に引き離すためには仕事が必要になる．
熱エネルギー (heat energy)	温度上昇によって気体を膨張させ力学的な仕事をする．
化学エネルギー (chemical energy)	化学反応の過程で仕事をすることができる．例えばH_2とO_2の混合物が水を生成する場合など．
電気エネルギー (electrical energy)	充電されたコンデンサーは電気的仕事をするための電位を保持している．

ている．詳細は第3章および第4章で述べられる．

物質のエネルギーを扱う場合は，物質の量に着目しなければならない．通常1 mol あたりのエネルギー（kJ mol^{-1}）もしくは1粒子あたりのエネルギー（J molecule^{-1}）のような表現を用いる．電子エネルギーの単位として用いるeVの場合は直接表示されないが，e が電子1個の電荷を表すので，1粒子あたりのエネルギーとして定義される．

$$eV = CNmC^{-1} = Nm = kg\,m^2\,s^{-2} \quad (1粒子あたり)$$

また，cm^{-1}（波数 $\bar{\nu}$）は光子1個あたりのエネルギーの単位として用いられる．これは，

$$E = hc/\lambda = hc\bar{\nu}$$

ここで，E：エネルギー，h：プランク定数，c：真空中の光速，λ：光の波長である．

上の関係式を用いてエネルギー（J）の単位に変換できる．同様に，光の波長（λ）や振動数（$\bar{\nu}$）もエネルギー単位に変換できる．化学の分野では必須の実験手法であるスペクトル（分光学）で用いられるため，ぜひとも理解しておかなければならない単位である．

2.7 熱力学を学ぶ重要性

熱力学を学ぶ目的は何だろうか？ 最も重要な目的の一つは効率を知ることであろう．われわれは日頃から表2.2にあげた種々の形態のエネルギーを変換して利用している．たとえば火力発電所は，燃料の持つ化学エネルギーを燃焼によって熱エネルギー，さらに力学的エネルギーへと変え，最終的に電気エネル

ギーを取り出している．それぞれのエネルギーの変換過程には効率があり，かならず無駄な部分が生じる．したがって燃料の化学エネルギーすべてを電気エネルギーに変換することはできない．自由エネルギー ΔG の「自由」とは「利用できる」の意であり，たとえば燃料電池の理論的なエネルギー変換効率は ΔG と ΔH との比で決まる．現実的な効率はこの値を下回るわけだが，理想的な上限値は熱力学によって決まっているのである．さらにエンジンなどの熱機関では，熱効率という言葉をしばしば使う．これは投入した熱エネルギーに対する得られた力学的仕事の比で定義され，高温熱源の温度と低温熱源の温度だけで決まる（第6章）．これらの理想的な効率にいかに近づくかが，無駄の少ない，また環境負荷の少ないプロセスの指標となる．

　熱力学を学ぶもう一つ重要な目的は，特に化学を志す者にとって最も身近な利用法である，状態変化や化学反応がどの方向にどこまで進むのか——変化の行方——を知ることであろう．

　定温・定圧条件では自発的な変化の方向は系の自由エネルギーの符号によって決まる（第7章）．自由エネルギー変化 ΔG は次式に示すように系のエンタルピー変化 ΔH およびエントロピー変化 ΔS と温度 T との積の2つの項から計算される．

$$\Delta G = \Delta H - T\Delta S$$

$\Delta G < 0$ であれば正反応が自発的に，逆に $\Delta G > 0$ であれば逆反応が自発的に進行する．一方，化学反応のエンタルピー変化 ΔH は $\Delta H < 0$ であれば発熱，逆に $\Delta H > 0$ であれば吸熱を意味する．もちろん，その絶対値から発熱量や吸熱量を知ることができる．しかし，注目する系が発熱であろうが吸熱であろうが，$T\Delta S$ の寄与によっては ΔG の符号は正負いずれの場合もあり得る．

　前述のように，ある温度，圧力が一定の条件において正味の化学反応による変化がなくなる化学平衡状態が変化の行方そのものになる．高等学校の化学のテキストに記載されている化学平衡の移動に関して次式で示される可逆反応を例にあげよう．

$$N_2O_4 \text{（気体）} = 2NO_2 \text{（気体）}$$

　この反応が平衡状態にあるとき，温度を上げると右側に，逆に温度を下げると左側に反応は進行する．また，圧力を上げると左側に，逆に圧力を下げると右側に反応が進行する．では定量的にどの温度（圧力）にすれば何パーセント

がN₂O₄になるのであろうか．この問いに答えるには系に含まれるそれぞれの化学種の「力」の釣り合いが必要になる．この力を化学ポテンシャル（chemical potential）といい，自由エネルギーを用いて表す．反応や状態変化の行方である平衡状態に関する計算方法についても第7章で詳細に説明する．

このほかにも熱力学の取扱いが必要不可欠な分野は以下の例に示すように，化学の全般に広がっている．

平衡にかかわる定量計算（第7章）
溶液の特性（第8章）
相平衡および相図（第9章）
電気化学電池（二次電池，燃料電池など）の起電力計算
酸塩基滴定，沈殿滴定，錯形成滴定，酸化還元滴定などの滴定分析計算

熱力学の重要な点は，物質のエネルギーに関する知識が数値化され体系化されていることである．われわれは，直接測定したある系の熱力学的データから，他の数値を導くのみならず，直接測定できない系について有用な結論を導き出すことができる．最近は多くの物質の熱力学的特性がデータベース化されており，コンピュータ上で直ちに複雑な定量計算を実施できるようになったため，研究に活用しやすい，より身近な手法として重要性が高まってきている．熱力学的思考法を身につけることは，変化の行方を定性的・定量的に判断する能力につながり，未踏の物質，反応あるいはプロセスを構築する上での羅針盤となることであろう．熱力学を学ぶことによって化学反応全般を定量的に取り扱う第一歩が踏み出されるのである．

演 習 問 題

【問2.1】 示量性と示強性

状態に応じて定まる物理量を状態量あるいは状態関数（変数）と呼ぶ．次の状態量を示量性の変数（示量変数）と示強性の変数（示強変数）に分類せよ．

体積，濃度，内部エネルギー，温度，圧力，密度，物質量，エンタルピー，仕事，熱，エントロピー，質量，モル数，化学ポテンシャル

（解）
示量変数： 体積，質量，物質量，内部エネルギー，エンタルピー，エント

ロピー，モル数

示強変数： 温度，圧力，濃度，密度，化学ポテンシャル

一方，仕事や熱は系の状態に応じて定まる量ではないので，状態量ではない．

【問 2.2】 SI 単位

仕事率 6 W を J，N の SI 組立単位や SI 基本単位で示せ．

圧力 5 Pa を N の SI 組立単位や SI 基本単位で示せ．

（解）

 仕事率＝エネルギー／単位時間より $W = JS^{-1}$

 エネルギー＝力×距離より $J = Nm$

 力＝質量×加速度より $N = kg\, m\, s^{-2} = m\, kg\, s^{-2}$

 $6\,W = 6\,Js^{-1} = 6\,(Nm)\,s^{-1} = 6\,(mkgs^{-2})\,ms^{-1} = m^2\,kg\,s^{-3}$

 圧力＝力／面積より $Pa = N\,m^{-2}$

 $5\,Pa = 5\,Nm^{-2} = 5\,(mkgs^{-2})\,m^{-2} = 5\,m^{-1}\,kg\,s^{-2}$

【問 2.3】 エネルギーの単位

熱量 1 cal＝4.186 J である，5 cal の熱量を SI 基本単位で示せ

（解）

 $5\,cal = 5 \times 4.186\,J = 20.93\,J = 20.93\,Nm = 20.93\,m^2\,kg\,s^{-2}$

3 気体の熱力学

3.1 理 想 気 体

3.1.1 ボイルの法則（気体の圧力と体積の関係）

　Boyle は，ガラス管の開いたほうの端から水銀を少しずつ注入していくと，図 3.1 に示すように空気が閉じ込められている部分の体積 (V) はしだいに小さくなり，水銀柱の液面差 (h) が大きくなっていくことを観測した．ボイルはさまざまな実験を実施し，空気に及ぼす力，すなわち，圧力 (P)（図 3.1 の場合，水銀柱が空気に及ぼす力と大気圧の和）が大きくなるとそれに反比例してその体積 (V) が減少することを発見した．その後の実験で，気体の圧力と体積の関係を測定する際には温度を一定に保つ必要があること，また，この

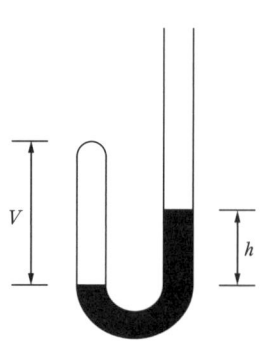

図 3.1　気体の圧力と体積を測定する装置

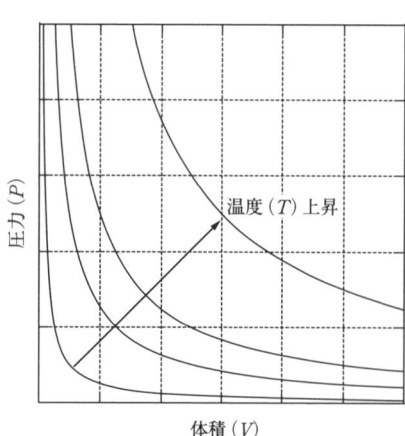

図 3.2　いろいろな温度における気体の圧力と体積の関係

関係は他の多くの気体でも見られることがわかった. この関係をボイルの法則 (Boyle's law) と呼び, 数式で表すと式 (3.1) となる. ここで C は定数である. さらに, 2つの状態における関係を表した式 (3.2) が扱いやすい.

$$PV = C \tag{3.1}$$
$$P_1V_1 = P_2V_2 \tag{3.2}$$

図 3.2 に気体の体積を変えたときの圧力の変化を示した. このグラフの曲線はそれぞれひとつの温度に対応しているので等温線 (isotherm) という. ボイルの法則によれば, 気体の等温線は双曲線である. 後述するように, 厳密かつ広範な測定を行ってみると, 実在の気体はボイルの法則に厳密には従わないことがわかる. しかし, 通常の圧力 (1 atm 程度) までは式 (3.2) の関係はかなり信頼できるので, 化学では広く使われている.

3.1.2 シャルルの法則 (温度と体積の関係)

温度と体積の関係が確立するのは, ボイルの法則から1世紀以上もたってからである. それほど遅れたのは, 温度を測る便利で信頼できる方法を開発するのが難しかったからである. 18世紀の終わりごろ, 現在の温度計のもとになるガラス毛細管にアルコールなどの液体を封入して, その膨張を測る方法が一般に認められるようになった. そして, 大気中で水が凍る温度を 0, 沸騰する温度を 100 とし, その間を 100 等分する摂氏 (Celsius, セルシウス, ℃) 温度計ができた.

この温度計により気体の体積の温度依存性の研究ができるようになった. Charles が 1787 年に, また, Gay Lussac が 1808 年に行った研究により, 一定圧力 (大気中) のもとで気体の体積は温度とともに直線的に増加することがわかった. 図 3.3 に体積と温度の関係を示した. この図の直線を等圧線 (isobar) と呼び, 一定圧力での性質の変化を表す. この等圧線を低温度領域へ外挿し, 温度軸と交わる点を求めると, どのような圧力のもとでも -273.15 ℃ が得られる. 体積が 0 になるこの点を零度 (絶対零度) と定めて, ここから目盛りを打ち直したものが絶対温度目盛 (Kelvin, ケルビン, K) である. したがって, 0 ℃ は 273.15 K, 100 ℃ は 373.15 K と換算

通称 Lord Kelvin, 本名 William Thomson 1824.6.26-1907.12.17

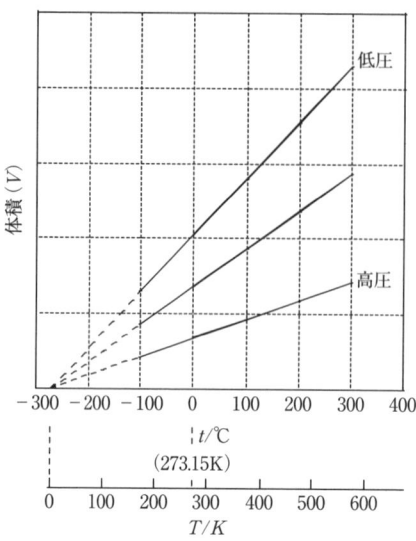

図 3.3 いろいろな圧力における気体の体積と温度の関係

される．この温度の定義により，気体の温度と体積の関係は，「一定圧力のもとで気体の体積は絶対温度に比例する」と記述できるようになった．これを数式で表すと式 (3.3) となる．これがシャルルの法則 (Sharles' law)，あるいはゲイ・リュサックの法則 (Gay Lussac's law) と呼ばれる関係である．さらに，2つの状態における関係を表した式 (3.4) が扱いやすい．

$$V = C'T \quad \text{または} \quad V/T = C' \tag{3.3}$$

$$V_1/T_1 = V_2/T_2 \tag{3.4}$$

3.1.3 アボガドロの原理（物質量と体積の関係）

Avogadro は「同じ温度と同じ圧力で同じ体積を持つ気体はすべて同数の分子を含む」というアボガドロの原理 (Avogadro's principle) を提唱した．いいかえれば，「同数の分子を含む異なった気体は同じ温度と圧力のもとで同じ体積を占める」となる．水素 2 g と窒素 28 g は 0℃，大気圧のもとで同じ体積約 22.4 dm³ を占め，両者の分子数は同じであることになる．ここで水素 2 g と窒素 28 g はともに物質量 1 mol に相当する．1 mol は，12 g の炭素 12 に含まれる原子の数（アボガドロ数：約 6.02×10^{23}）で定義される．1 mol あたりのアボガドロ数をアボガドロ定数 (N_A) と呼び，値は約 $6.02 \times 10^{23}\,\text{mol}^{-1}$ である．したがって，単位物質量あたりの体積は気体の温度と圧力が等しいときには気体の種類に関係なく等しく，式 (3.5) のように示すことができる．

$$V/n = C'' \tag{3.5}$$

式 (3.1)，(3.3)，(3.5) をまとめると，式 (3.6) が得

il Conte Lorenzo Romano Amedeo Carlo Avogadro di Quaregna e Cerreto, 1776.8.9-1856.7.9

られる.

$$(PV)/(nT) = 一定 = C''' \qquad (3.6)$$

この式は，n と T が一定のときはボイルの法則（圧力-体積の依存性）に合い，n と P が一定のときはシャルルの法則（温度-体積の比例性）と合う．また，P と T が一定のときはアボガドロの原理とも合う．

3.1.4 理想気体の状態方程式

式 (3.6) の定数 C''' は実験によってすべての気体について同じであることがわかっているので，これを R と書き，気体定数（gas constant）という．最終的な式は，

$$PV = nRT \qquad (3.7)$$

で，これを理想気体の状態方程式という．圧力および体積を表す単位系が異なれば R の値はそれぞれ変わることに注意する必要がある．たとえば，圧力および体積の単位にそれぞれパスカル（Pa），立方メール（m^3）を使用した場合，R は 8.314 J K^{-1} mol^{-1} と与えられる．また，バール（bar）および立方デシメートル（dm^3）を用いた場合，R は 0.08314 dm^3 bar K^{-1} mol^{-1} となる．

3.3.1 項で述べるように式 (3.7) は厳密には正しくない．しかし，気体の圧力が 0 に近づくにつれてしだいに厳密に成り立つようになる．どんな条件のもとでも式 (3.7) が厳密に成り立つような理想化した気体を理想気体（ideal gas）あるいは完全気体（perfect gas）という．式 (3.7) を用いると，いろいろな条件にある気体の状態を予測することができる．たとえば，標準の温度および圧力（standard temperature and pressure：S. T. P.）の条件，すなわち 0 ℃，1 atm（$=1.013 \times 10^5$ Pa）におけるモル体積（V_m）は次のように求められる．

$$V_m(\text{S. T. P.}) = V(\text{S. T. P.})/n = RT/P$$
$$= (8.314 \text{ J K}^{-1} \text{ mol}^{-1} \times 273.15 \text{ K})/1.013 \times 10^5 \text{ Pa}$$
$$= 2.241 \times 10^{-2} \text{ m}^3 \text{ mol}^{-1} = 22.41 \text{ dm}^3 \text{ mol}^{-1}$$

式 (3.7) を変形して，気体の密度の測定値から分子量を求めることができる．気体試料の質量を m，分子量を M とすると，気体分子の物質量 n は m/M で与えられる．したがって，式 (3.7) は $PV = (m/M)RT$ と書ける．また，気体の密度 d は m/V で表されるので，最終的に式 (3.8)

$$M = dRT/P \qquad (3.8)$$

3.1.5 理想混合気体（ドルトンの分圧の法則）

理想気体の状態方程式は，単一成分の純粋な気体にも，異なった成分が混合した気体にも適用できる．ここで，一定体積（V）の容器に2種類の気体（AおよびB）を一定温度（T）で閉じ込めたとき圧力がPになった状態を考える．気体AおよびBを理想気体と仮定すると，それぞれの圧力は式 (3.7) より式 (3.9) と表される．

$$P_A = n_A RT/V, \quad P_B = n_B RT/V \tag{3.9}$$

P_AとP_Bの和がPとなる．すなわち，

$$P = P_A + P_B = (n_A + n_B)RT/V = nRT/V \tag{3.10}$$

となる．ここで，P_A，P_Bを気体AおよびBの分圧（partial pressure），Pを全圧と呼ぶ．分圧は気体AあるいはBを同じ容器に個々に閉じ込めたときの圧力に等しい．また，全分子の物質量nに対する各成分の物質量の割合

$$x_A = n_A/n, \quad x_B = n_B/n \tag{3.11}$$

をモル分率（mole fraction）と呼ぶ．モル分率には次元がなく，その和は1となる．式 (3.9) および式 (3.11) から

$$P_A = n x_A RT/V = x_A P, \quad 同様に \; P_B = x_B P \tag{3.12}$$

となり，各成分の分圧はモル分率に比例することがわかる．式 (3.12) はドルトンの分圧の法則（Dalton's law of partial pressure）として知られる関係式である．つまり全圧がわかっているとき，各成分の分圧あるいはモル組成を求めるのに役立つ関係である．このようなドルトンの分圧の法則に従う気体を理想混合気体という．

【例題 3.1】 10.0 dm^3 の容器に H_2 0.35 mol，N_2 0.75 mol，CO_2 0.10 mol が 25 ℃ で入っている．気体の全圧と混合物中の H_2 の分圧を求めよ．

（解）

$P = nRT/V$ に代入する．

$P = (0.35+0.75+0.10)\text{mol} \times 8.314 \text{ J K}^{-1}\text{ mol}^{-1} \times 298.15\text{ K}/(10.0 \times 10^{-3}\text{ m}^3)$
$\quad = 2.97 \times 10^5$ Pa

$P_{\text{H}_2} = x_{\text{H}_2} \cdot P = 0.35/(0.35+0.75+0.10) \times 2.97 \times 10^5 \text{ Pa} = 8.6 \times 10^4$ Pa

3.2 気体分子運動論

3.2.1 分子の平均速度

容器内にある 1 mol の気体について考える．気体分子は独立に飛び回り，互いに衝突したり器壁に衝突したりして力を及ぼし合っている．気体の圧力はそのような気体分子の運動により生じている．理想気体の分子運動を考える際には以下の仮定をおく．

(1) 気体は非常に多くの分子が集まったもので，分子は絶えず乱雑な運動を行っている．
(2) 分子は質量 m を有するが，その分子は気体の大きさ（体積）に比べてはるかに小さい．
(3) 分子間には衝突以外，相互作用が働かない．
(4) 分子は互いに衝突し，また，壁に衝突するが，その衝突はすべて完全弾性的に行われる．

ここで，一辺が l の立方体の容器（$V=l^3$）に閉じ込められた N 個の分子について考える．図 3.4 に示すように x 軸に垂直な壁に v_x の速度で衝突した粒子は，向きを変えて同じ速度で進む（仮定 (4)）．このとき直線運動量（質量と速度の積）は衝突前の mv_x から衝突後は（反対方向に飛んで）$-mv_x$ に変化する．したがって，運動量 x 軸成分は衝突のたびに $2mv_x$ だけ変化する．これが 1 個の分子が壁に作用する力となる．なお，この衝突により y 軸および z 軸成分の速度は変化しない．連続して起こる衝突の時間間隔は，分子が反対の壁までいって帰ってくる時間である．立方体容器の一辺の長さは l なので，往復の距離は $2l$ となる．つまり，分子が壁に衝突してから再度その壁に衝突するまでに要する時間は $2l/v_x$ (s)（= 距離/速度）である．1 秒あたりの衝突回数は，その逆数，$v_x/2l$ (s^{-1}) となる．したがって，1 個の分子が単位時間あたりに衝突して壁に及ぼす力 f は式 (3.13) となる．

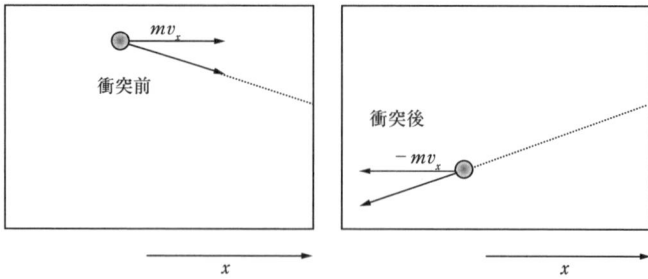

図3.4 気体の圧力を求めるためのモデル図

$$f = 2mv_x(v_x/2l) = mv_x^2/l \tag{3.13}$$

右辺の基本単位は，kg(m s^{-1})^{2}m^{-1}=kg m s^{-2} となり，力（$f=ma$）の単位 N と同じになっていることがわかる．次に，N 個の分子が壁に及ぼす力 F は式 (3.14) となる．

$$F = (m/l)\{v_x^2(1) + v_x^2(2) + \cdots + v_x^2(N)\} \tag{3.14}$$

ここで，x 軸方向の二乗速度の平均 $\overline{v_x^2}$ を考える．

$$\overline{v_x^2} = (1/N)\{v_x^2(1) + v_x^2(2) + \cdots + v_x^2(N)\} \tag{3.15}$$

壁に働く平均の力 F は式 (3.16) となる．

$$F = Nm\overline{v_x^2}/l \tag{3.16}$$

さらに，圧力 P は式 (3.17) となる．

$$P = F/l^2 = Nm\overline{v_x^2}/l^3 = Nm\overline{v_x^2}/V \tag{3.17}$$

速度の x 軸成分よりも分子の速さを含む式のほうが便利である．ランダムな方向に動いている多数の分子においては，$\overline{v_x^2} = \overline{v_y^2} = \overline{v_z^2}$ である．ここで，分子の二乗速度の平均 $\overline{c^2}$ を導入すると，式 (3.18) が得られる．

$$\overline{c^2} = \overline{v_x^2} + \overline{v_y^2} + \overline{v_z^2} = 3\overline{v_x^2} \tag{3.18}$$

したがって，

$$\overline{v_x^2} = \overline{c^2}/3 \tag{3.19}$$

となる．式 (3.19) を式 (3.17) に代入すると，式 (3.20) を得る．

$$PV = (1/3)Nm\overline{c^2} \tag{3.20}$$

また，N が N_A に等しいとすれば，$N_A m$ は分子のモル質量 M_m となるので，

式 (3.20) は式 (3.21) と表される．

$$PV = (1/3)M_m \overline{c^2} \quad (3.21)$$

理想気体の状態方程式，式 (3.7) で $n=1$ とおいて，式 (3.21) と比較すると，式 (3.22) を得る．

$$RT = (1/3)M_m \overline{c^2} \quad (3.22)$$

さらに，式 (3.22) を変形して，式 (3.23) を得る．

$$\overline{c^2} = 3RT/M_m \quad (3.23)$$

$\overline{c^2}$ の平方根をとったものは根平均二乗速度 c_{rms} (root mean square speed) と呼ばれている．c_{rms} は式 (3.23) から式 (3.24) ように示される．

$$c_{\text{rms}} = \sqrt{\overline{c^2}} = \sqrt{3RT/M_m} \quad (3.24)$$

式 (3.24) から明らかなように，c_{rms} は温度の平方根に比例し，モル質量（単位：kg mol^{-1}）の平方根に反比例する．このことから，どんな温度においても，小さな質量の分子の平均速度は，大きな質量の分子のそれよりも常に大きいことがいえる．たとえば，25℃（298.15 K）における二酸化炭素分子の c_{rms} は次のように求められる．

$$c_{\text{rms}} = \sqrt{\frac{3 \times 8.314\ \text{JK}^{-1}\text{mol}^{-1} \times 298.15\ \text{K}}{0.04401\ \text{kg mol}^{-1}}} = 411\ \text{ms}^{-1}$$

この計算からわかるように，分子は非常に高速で運動していることがわかる．平方根内の単位は，ジュールの基本単位の組み合わせが $\text{kg m}^2\text{s}^{-2}$（＝力 kg m s^{-2} × 距離 m）なので，m^2s^{-2} となっていることがわかる．表 3.1 に代表的な気体分子の 298 K（25℃）および 1273 K（1000℃）における c_{rms} を示す．

式 (3.24) を使って，分子 1 mol が持つ並進運動エネルギーを表す，式 (3.25) を求めることができる．

$$(1/2)M_m \overline{c^2} = (3/2)RT \quad (3.25)$$

式 (3.25) には，分子の性質を表す要素（組成，モル質量，形など）が含まれていない．温度が同じであれば，分子 1 mol が持つ並進運動エネルギーは分子の種類によらず常に一定（$(3/2)RT$）であることを示している．つまり，分子 1 mol が持つ並進運動エネルギーは気体の温度にのみ依存する．また，式 (3.25) 右辺の単位（J mol^{-1}）は 1 mol あたりのエネルギーとなっている．さらに，1 分子あたりの並進運動エネルギーを求めると，式 (3.26) となる．

表3.1 気体分子の根平均二乗速度

気体	モル質量 [g mol^{-1}]	$\sqrt{\overline{c^2}}$ [m s^{-1}] 25℃	$\sqrt{\overline{c^2}}$ [m s^{-1}] 1000℃
H$_2$	2	1921	3974
He	4	1368	2823
H$_2$O	18	640	1325
N$_2$	28	515	1053
O$_2$	32	478	988
CO$_2$	44	412	847
Cl$_2$	71	325	673
HI	128	239	488
Hg	200	195	402

近藤和生・計良善也・上野正勝・芝田隼次・谷口吉弘：物理化学, p.7, 表1.4, 朝倉書店より

$$(1/2)M_m\overline{c^2}/N_A=(3/2)RT/N_A=(3/2)kT \quad (3.26)$$

ここで，k はボルツマン定数と呼ばれ，1分子あたりの気体定数 R/N_A に相当する．

【例題 3.2】 0℃における N$_2$ の二乗平均速度と同じ速度を SO$_3$ が持つようになる温度は何度か？

（解）

$c_{\mathrm{rms}}=\sqrt{3RT/M_m}$ を用いる．$\sqrt{3RT(\mathrm{N}_2)/M_m(\mathrm{N}_2)}=\sqrt{3RT(\mathrm{SO}_3)/M_m(\mathrm{SO}_3)}$ の両辺を二乗して，まとめると，

$T(\mathrm{SO}_3)=T(\mathrm{N}_2)\times\{M_m(\mathrm{SO}_3)/M_m(\mathrm{N}_2)\}$
$\quad =273.15\ \mathrm{K}\times(80.06\times10^{-3}\ \mathrm{kg\ mol^{-1}})/(28.01\times10^{-3}\ \mathrm{kg\ mol^{-1}})$
$\quad =780.7\ \mathrm{K}=507.6\ ℃$

3.2.2 分子間の衝突回数と平均自由行程

3.2.1項までは，分子は気体の大きさ（体積）に比べてはるかに小さい（仮定 (2)）として式を誘導してきたが，ここからは，分子の大きさを意識し，分子は直径 d の球であるとする．また，平均速度 $\bar{c}$ で動き，互いに衝突し合っ

ていると考える．まず，初期の仮定として，1個の分子だけが $\bar{c}$ で動き，その他の分子はすべて止まっているとする．図3.5に示すように分子は1秒間に距離 $\bar{c}$ を直線的に動く．このとき分子は半径 d，長さ $\bar{c}$ の管を挿引することになる．つまり，この管の中に重心がある，他の止まっている分子と衝突する．この管の体積は $\pi d^2 \bar{c}$ で表され，単位体積あたりの分子数を N^* とすると，この管の内部にある，止まっている分子の数は $\pi d^2 \bar{c} N^*$ と表される．この値は，動いている分子が止まっている分子と単位時間あたりに衝突する回数に等しい．本来はすべての分子が動いているので，ここで初期の仮定を解除する．つまり，衝突される分子も $\bar{c}$ で勝手に動いており，2つの分子が衝突するときは両者間での相対速度を考える必要がある．分子はさまざまな方向に自由に運動しているので，図3.6に示すように衝突もさまざまな角度で起こる．平行に近い角度で衝突したとき，その相対速度は0であり，正面衝突したときの相対速度は $\bar{c} - (-\bar{c}) = 2\bar{c}$ となる．これらの平均は，90°で衝突したときの相対速度 $\frac{\bar{c}}{\sqrt{2}} - \left(-\frac{\bar{c}}{\sqrt{2}}\right) = \sqrt{2}\bar{c}$ とみなしてよいだろう．したがって，分子の単位時間あたりの衝突回数（Z_1）は，$\bar{c}$ を $\sqrt{2}\bar{c}$ と置き換えた式（3.27）で表される．

$$Z_1 = \sqrt{2}\pi d^2 \bar{c} N^* \tag{3.27}$$

さらに，すべての分子の衝突を考える．単位体積中には N^* 個の分子があり，それぞれが，式（3.27）で示される回数だけ衝突しているので，全衝突回数（Z_{11}）は $N^* Z_1 / 2$ となる（$N^* Z_1$ は同じ衝突を2回数えていることになる）．したがって，Z_{11} は式（3.28）で示される．

$$Z_{11} = \pi d^2 \bar{c} N^{*2} / \sqrt{2} \tag{3.28}$$

1個の分子が1度衝突してから次に衝突するまでに動く距離 λ を平均自由行程（mean free path）と呼ぶ．図3.5において，分子は，距離 $\bar{c}$ だけ動く間に Z_1 回衝突するので λ は式（3.29）で，さらに，式（3.27）を用いると，式（3.30）で表される．

$$\lambda = \bar{c} / Z_1 \tag{3.29}$$

$$\lambda = \frac{1}{\sqrt{2}\pi d^2 N^*} \tag{3.30}$$

λ, Z_1, Z_{11} を気体分子の衝突パラメータという．また，d を衝突直径と呼ぶ．代表的な気体分子の衝突パラメータを表3.2に示す．

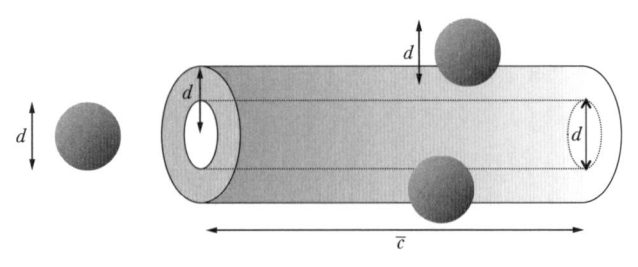

図3.5 分子の衝突パラメータを求めるためのモデル図

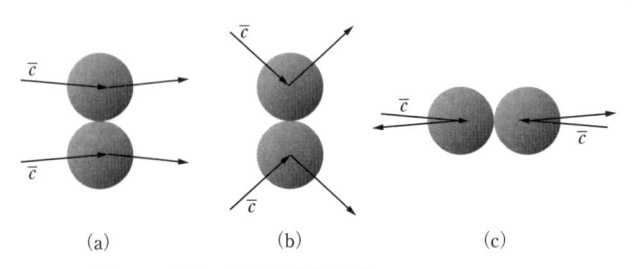

図3.6 分子の衝突と相対速度：
(a) 相対速度 $= 0$,
(b) 相対速度 $= \dfrac{\bar{c}}{\sqrt{2}} - \left(-\dfrac{\bar{c}}{\sqrt{2}}\right) = \sqrt{2}\,\bar{c}$,
(c) 相対速度 $= \bar{c} - (-\bar{c}) = 2\bar{c}$

表3.2 25℃，1 bar における気体分子の衝突パラメータ

気体	衝突直径 d [pm]	平均自由行程 l [nm]	衝突頻度 Z_1 [10^9 s^{-1}]	衝突数 Z_{11} [10^{34} m^{-3} s^{-1}]
H_2	273	125	14.1	17.2
He	218	193	6.5	7.9
N_2	374	66	7.2	8.7
O_2	357	72	6.1	7.4
Ar	362	70	5.6	6.8
CO_2	456	44	8.5	10.3
HI	556	30	7.4	10.3

近藤和生・計良善也・上野正勝・芝田隼次・谷口吉弘：物理化学，p.8，表1.5，朝倉書店より

【例題 3.3】 1.00 mol の N_2 ガスを 25.0 ℃ である容器に導入した.圧力は 1.00×10^5 Pa であった.(1) 体積は何 m^3 か.(2) N^* はいくらか？(3) このときの衝突パラメータ(λ, Z_1, Z_{11}) を計算せよ.ただし,衝突直径 d は 374 pm,平均速度 $\bar{c}$ を 470 m s^{-1} とする.(4) 温度と体積を一定に保って気体を圧力が 1 Pa になるまで排気した.このときの λ を計算せよ.

(**解**)

(1) $PV = nRT$ に代入すると,

1.00×10^5 Pa $\times V = 1.00$ mol $\times 8.314$ J K^{-1} mol^{-1} $\times 298.15$ K から,

$V = 2.48 \times 10^{-2}$ m^3 となる.

(2) $N^* = n \times N_A / V = 1.00$ mol $\times 6.02 \times 10^{23}$ mol^{-1} / $(2.48 \times 10^{-2}$ m$^3)$

$\qquad = 2.43 \times 10^{25}$ m^{-3}

(3) $\lambda = \dfrac{1}{\sqrt{2}\pi d^2 N^*} = \dfrac{1}{\sqrt{2}\pi (374 \times 10^{-12} \text{ m})^2 \times 2.43 \times 10^{25} \text{ m}^{-3}}$

$\quad = 6.63 \times 10^{-8}$ m $= 66.3$ nm

$Z_1 = \sqrt{2}\pi d^2 \bar{c} N^* = \bar{c}/\lambda = 470$ ms^{-1}/$(6.63 \times 10^{-8}$ m$) = 7.09 \times 10^9$ s^{-1}

$Z_{11} = \pi d^2 \bar{c} N^{*2}/\sqrt{2} = N^* Z_1/2 = 2.43 \times 10^{25}$ m^{-3} $\times 7.09 \times 10^9$ s^{-1}/2

$\quad = 8.61 \times 10^{34}$ m^{-3} s^{-1}

(4) $P = 1$ Pa のとき,状態方程式より,

$n = 1$ Pa $\times 2.48 \times 10^{-2}$ m^3 / $(8.314$ J K^{-1} mol^{-1} $\times 298.15$ K$) = 1.00 \times 10^{-5}$ mol

となる.このときの N^* を同様に求めると,$N^* = 2.43 \times 10^{20}$ m^{-3} となるので,

$\lambda = \dfrac{1}{\sqrt{2}\pi d^2 N^*} = \dfrac{1}{\sqrt{2}\pi (374 \times 10^{-12} \text{ m})^2 \times 2.43 \times 10^{20} \text{ m}^{-3}}$

$\quad = 6.63 \times 10^{-3}$ m $= 6.63$ mm

このことから,気体の λ は,圧力に反比例して大きくなることがわかる.

3.3 実在気体

3.3.1 圧縮因子と分子間相互作用

これまでは，どのような条件のもとでも式 (3.7) が厳密に成り立つような理想化した気体，つまり，理想気体を扱ってきた．多くの実在気体（real gas）の場合も気体の圧力が0に近い領域で式 (3.7) はかなり厳密に成り立つ．一方，高圧や低温の領域において，実在気体は式 (3.7) に従わなくなる．1 mol の理想気体では $(PV_m)/(RT)=1$ が常に成り立つが，実在気体では圧力が高くなるとその値は1からずれていく．理想気体からのずれの様子を調べるために，式 (3.31) で示される，圧縮因子 Z の圧力による変化が測定されている．

$$Z=(PV_m)/(RT) \tag{3.31}$$

いくつかの気体分子の例を図3.7に示す．非常に低い圧力では，$Z \approx 1$ で，ほとんど理想気体として振る舞う．350 atm 程度までの圧力では $Z<1$ になり，それより高い圧力になると $Z>1$ となる．このように，実在気体の理想気体からのずれの理由は，理想気体の仮定から考察できる．つまり，3.2.1項で示した理想気体の仮定 (2) と (3) に無理があるからである．すなわち，(2') 気体分子は固有の大きさ（分子サイズ）を持ち，(3') 近づくと互いに相互作用を及ぼし合う．相互作用には，反発力と引力があり，前者は膨張を助け，後者は収縮を助ける．図3.8は2分子間のポテンシャルエネルギーが分子の間隔によりどのように変化するのかを示している．分子間隔が小さいところではポテンシャルエネルギーが大きくなり，相互作用が強い反発であることを示している．多数の分子が，小さな体積を占める高圧の場合がこれに相当する．中間の間隔では，ポテンシャルエネルギーは負で引力の相互作用が優勢である．分子がかなり接近しているが，接触はしていない場合に相当する．大きな間隔ではポテンシャルエネルギーは0に近づき分子間に相互作用が働かなくなる．分子の密度が小さい低圧や温度が非常に低い場合に相当する．この事実に基づけば，図3.7の結果は次のように解釈することができる．低圧では，分子は互いに近づく機会が少なく，相互作用が働かないので，気体はほとんど理想気体として振る舞う．中間の圧力では，分子は引力が反発力に比べ優勢になり，気体は理想気体よりも圧縮されやすくなるため Z は 1 より小さくなる．高圧，

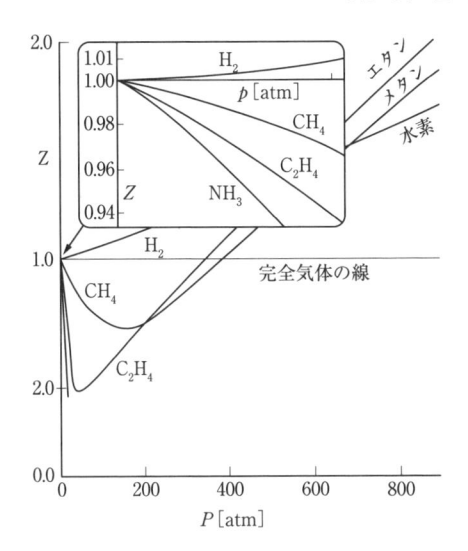

図3.7 各種気体の0℃における圧縮係数 $Z(=(PV_m)/(RT))$ の圧力依存性
（近藤和生・計良善也・上野正勝・芝田隼次・谷口吉弘：物理化学，p.12，図1.8，朝倉書店より）

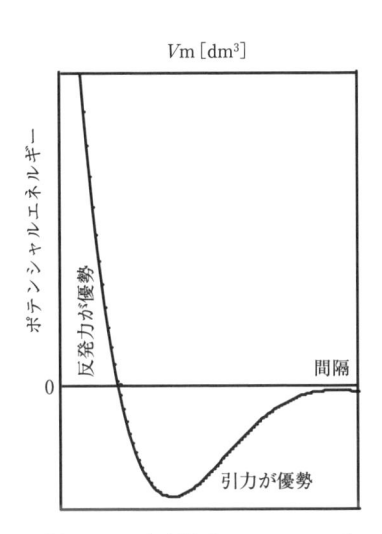

図3.8 2分子間ポテンシャルエネルギーの分子間隔の依存性

つまり，分子間距離が小さい領域では，反発力が優勢になり，完全気体よりも圧縮されにくくなるためにZは1より大きくなる．

3.3.2 ファンデルワールスの式とビリアル式

実在気体は非理想性を示し，圧縮因子は圧力に対して複雑に変化する．この実在気体を記述する多くの試みがなされてきた．1873年に van der Waals（ファンデルワールス）は，単純な理想気体のモデルに2つの項目を加えることにより，実在気体の理想性からのずれのほとんどを説明できることを示した．つまり，ファンデルワールスの式（van der Waals equation）は，(2′) 気体分子は固有の大きさ（分子サイズ）を持ち，(3′) 近づくと互いに相互作用を及ぼし合うという因子を理想気体の状態方程式に補正項として導入したものであり，式 (3.32) に示される．

Johannes Didenik van der Waals (1837.11.23-1923.3.8)

$$\{P+a(n/V)^2\}(V-nb)=nRT \qquad (3.32)$$

また，式 (3.32) を変形した式 (3.33) は圧力を計算する際に扱いやすい．

$$P=nRT/(V-nb)-a(n/V)^2 \qquad (3.33)$$

式中の nb 部分は排除体積と呼ばれ，ある気体分子 1 mol によって排除された体積を b で表す．つまり，気体が自由に動ける体積は V ではなく，$V-nb$ としている．これは気体の圧力の増加に寄与する．一方，$a(n/V)^2$ の部分は分子が互いに引き合うという考えに基づいている．体積 V の中に気体分子が n mol あるとすると，単位体積あたりの分子数は n/V に比例する．任意の分子の近くにある分子数も n/V に比例する．したがって，気体の相互に引き合う力（分子間力）は $(n/V)^2$ に比例する．したがって，分子間の全引力は比例定数 a を用いて $a(n/V)^2$ で表され気体を閉じこめるのに必要な圧力を減少させる．a および b はファンデルワールス係数と呼ばれ，気体ごとに特有の値をとるが，温度には依存しない．次項で述べる臨界点のデータに基づいて決められる．代表的な気体分子についてその値を表 3.3 に示す．

ファンデルワールスの式，式 (3.32) は一つの近似式であり，より一般的な取り扱いにはビリアルの状態方程式が適用される．たとえば，圧縮因子 Z を

表 3.3 実在気体のファンデルワールス係数

気体	モル質量 [g mol^{-1}]	a [Pa m^6 mol^{-2}]	b [10^{-3} m^3 mol^{-1}]
H_2	2	0.025	0.027
He	4	0.0035	0.024
CH_4	16	0.228	0.043
NH_3	17	0.422	0.037
H_2O	18	0.554	0.030
CO	28	0.149	0.039
Ne	20	0.021	0.017
N_2	28	0.137	0.038
NO	30	0.142	0.028
O_2	32	0.138	0.032
CH_3OH	32	0.965	0.067
HCl	36.5	0.372	0.041
Ar	40	0.136	0.032
CO_2	44	0.366	0.043

近藤和生・計良善也・上野正勝・芝田隼次・谷口吉弘：物理化学，p. 12，表 1.6，朝倉書店より

式 (3.34) のように圧力の多項式に展開し，それぞれの項の係数を，式が実験結果に合うように決める．

$$Z=(PV_m)/(RT)=1+B_P P+C_P P^2+D_P P^3+\cdots \quad (3.34)$$

ここで，B_P，C_P，D_P をそれぞれ圧力に関する第二，三，四ビリアル係数と呼ぶ．第一ビリアル係数は1である．

3.3.3 気体の凝縮

図3.9にいろいろな温度における二酸化炭素（CO_2）の等温線（P-V図）を示す．モル体積が大きくなる高温（例えば50℃）では，実際の等温線は理想気体の等温線とあまり違わない．温度を40℃に下げるとその形は大きく歪む．さらに，21.5℃で圧縮していく（体積を小さくする）とA点で圧力は一定になり，体積だけが減少していくだけで，理想気体との類似性（圧力と体積は反比例する）は全く失われる．容器の中身を調べると，A点のすぐ左で液体が現れ，2つの相（気相と液相）が明確な界面で仕切られている．体積が減少するにつれて，液体の量が増加する．気体を入れた容器のピストンを押して

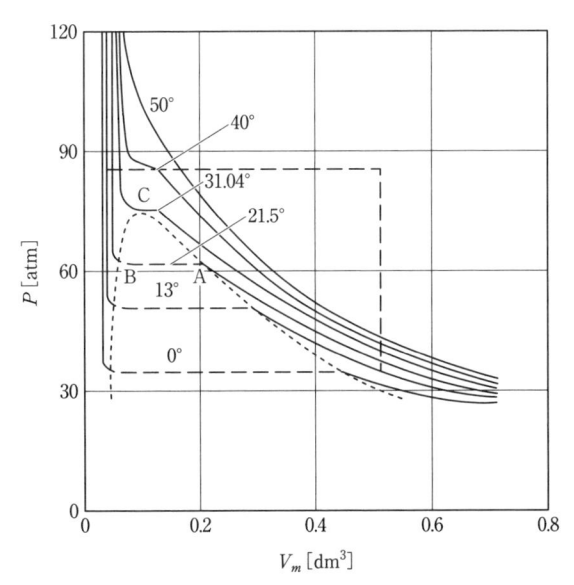

図3.9 臨界点付近における CO_2 の圧力と体積の関係（等温線）
（近藤和生・計良善也・上野正勝・芝田隼次・谷口吉弘：物理化学，p. 13，図1.9，朝倉書店より）

も抵抗力がなく，これは，気体が凝縮することで押す力に対処しているからである．液体と気体の両者が平衡で存在するときの水平線（ここでは A-B 線）に対応する圧力をその実験温度における蒸気圧という．B 点ではすべての CO_2 が液化するが，図から明らかなように，さらに（液体の）体積を減少させるためには大きな圧力の増加が必要になる．

3.3.4 臨界点

図 3.9 の 31.04 ℃における等温線は，気体の液化が起こるか起こらないかの境界線となっている．この温度では，気体が凝縮して液化が始まる点と液化が完了する点が 1 つ（C 点）になっている．これが気体の臨界点（critical point）である．臨界点における温度，圧力，モル体積をそれぞれその物質の臨界温度（critical temperature, T_c），臨界圧力（critical pressure, P_c），臨界モル体積（critical molar volume, V_c）という．T_c, P_c, V_c をまとめて，その物質の臨界定数（critical constant）と呼ぶ．各種気体の臨界定数を表 3.4 に示す．T_c 以上に保たれた気体はいかなる圧力，体積のもとでも決して液体になることはない．たとえば，窒素の臨界温度 126.0 K よりも上の温度では，圧縮だけで液体窒素を作ることができないことを示す．窒素を液化するためには，ま

表 3.4 実在気体の臨界定数

気体	P_c [MPa]	V_c [10^{-3} m^3 mol^{-1}]	T_c [K]
H_2	1.31	0.070	33.3
He	0.23	0.062	5.3
CH_4	4.59	0.099	190.2
NH_4	11.3	0.072	405.6
H_2O	22.1	9.056	647.2
CO	3.49	0.090	134.4
Ne	2.66	0.044	44.8
N_2	3.40	0.090	126.0
NO	6.48	0.058	179
O_2	5.04	0.074	154.4
CH_3OH	8.10	0.118	513.1
HCl	8.31	0.087	324.6
Ar	4.86	0.076	150.7
CO_2	7.38	0.094	304.2

近藤和生・計良善也・上野正勝・芝田隼次・谷口吉弘：物理化学，p.14，表 1.7，朝倉書店より

ず温度 126.0 K 以下で冷却し，その後，気体を圧縮する．

3.3.5 ファンデルワールス係数と臨界定数

図 3.9 の 31.04℃ における等温線に再度注目する．臨界点では P-V 曲線は平らな変曲点になっている．この型の変曲点は一次と二次の導関数がともに 0 になる．これをファンデルワールスの式（式 (3.33)，$n=1$）にあてはめると，

$$P = \frac{RT}{V-b} - \frac{a}{V^2}$$

$$\frac{dP}{dV} = -\frac{RT}{(V-b)^2} + \frac{2a}{V^3} = 0$$

$$\frac{d^2P}{dV^2} = \frac{2RT}{(V-b)^3} - \frac{6a}{V^4} = 0$$

となる．臨界点 $P=P_c$，$V=V_c$，$T=T_c$ を代入し，三つの式を解くと次の式が得られる．

$$V_c = 3b \quad P_c = \frac{a}{27b^2} \quad T_c = \frac{8a}{27bR} \tag{3.35}$$

これらの式から，臨界定数から a および b を求めることができる．表 3.3 の a および b の値はこの関係式から求めたものである．

3.3.6 換算変数と対応状態の法則

臨界定数はいろいろな気体それぞれ固有の性質であるので，これらを基準にして，気体の圧力，モル体積，温度を再表現してみる．

$$P_R = P/P_c \quad V_R = V/V_c \quad T_R = T/T_c \tag{3.36}$$

式 (3.36) で定義される P_R，V_R，T_R は，換算変数（reduced variable）と呼ぶ．多くの気体の圧縮因子 Z（$=(PV_m)/(RT)$，式 (3.31)）をいろいろな温度で換算圧力 P_R に対してプロットしたものを図 3.10 に示す．臨界点では，P_R と T_R はともに 1 であるが，気体の臨界点での圧縮因子 Z_c は気体の種類によらずほとんど 0.3 になっていることがわかる．さらに，別の圧力や温度においても気体はその種類によらず共通の挙動を示す．これが，相応状態の法則（law of corresponding state）と呼ばれる関係である．すなわち，「換算変数の等しい状態にある気体は，理想状態から同じ程度にずれている」ことを示して

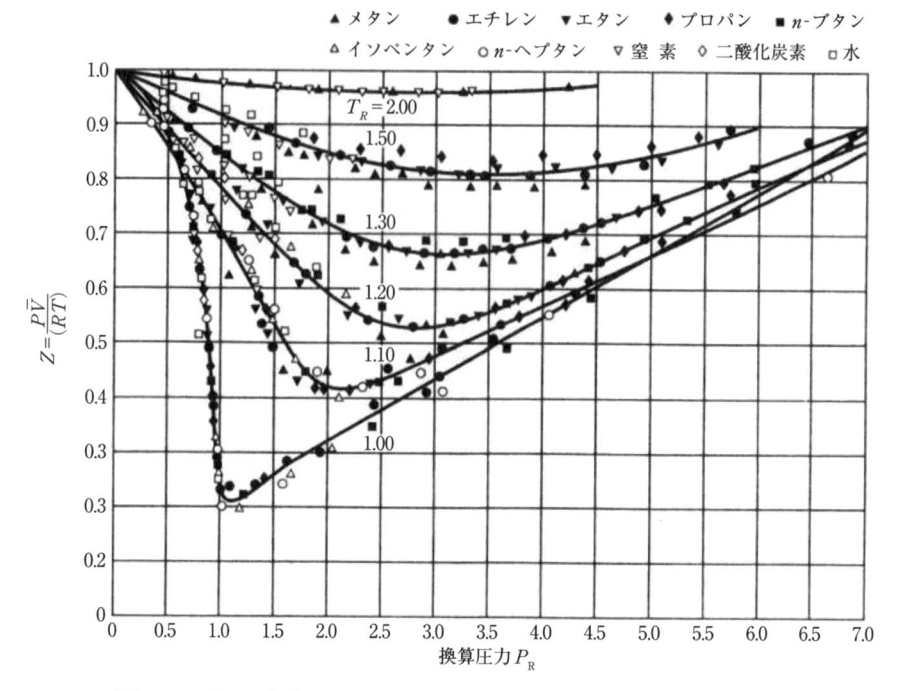

図 3.10 種々の気体のいろいろな温度における圧縮因子と換算圧力の関係
(バーロー著，大門 寛・堂免一成訳：物理化学（上），第 6 版，p. 30，図 1.12，東京化学同人より）

いる．

【**例題 3.4**】 2.00 mol の CO_2 が 300 K において 4.00 dm^3 の体積を占めている．(1) 理想気体，(2) ファンデルワールスの式に従うとして，圧力を求めよ．
（**解**）
(1) $P = nRT/V$ を利用する．

$P = 2.00 \text{ mol} \times 8.314 \text{ J K}^{-1}\text{ mol}^{-1} \times 300 \text{ K}/(4.00 \times 10^{-3} \text{ m}^3)$
$= 1.25 \times 10^6 \text{ Pa} = 1.25 \text{ MPa}$

(2) $P = nRT/(V-nb) - a(n/V)^2$ を利用する．

$P = \{2.00 \text{ mol} \times 8.314 \text{ J K}^{-1}\text{ mol}^{-1} \times 300 \text{ K}/(4.00 \times 10^{-3} \text{ m}^3 - 2.00 \text{ mol} \times 0.043 \times$

10^{-3} m^3 mol^{-1})} -0.366 Pa m^6 mol^{-2} $\times$ {2.00 mol/(4.00$\times 10^{-3}$ m^3)}^{2}
$=(4.99\times 10^3)/(3.91\times 10^{-3})-9.15\times 10^4=1.19\times 10^6$ Pa$=1.19$ MPa

演 習 問 題

【問 3.1】 ドルトンの分圧の法則
ある天然ガスが 0 ℃で 2.00 MPa の圧力で貯蔵タンクに入っている．この天然ガスの組成は，vol％で CH$_4$ 88.0％，C$_2$H$_6$ 6.0％，C$_3$H$_8$ 4.0％，nC$_4$H$_{10}$ 2.0％であるとすると，この条件で各気体の分圧はいくらか．
（解）
モル分率は気体の組成に等しい．
$P_{\text{CH}_4}=0.880\times 2.00$ MPa$=1.76$ MPa，$P_{\text{C}_2\text{H}_6}=0.060\times 2.00MPa=0.12$ MPa，
$P_{\text{C}_3\text{H}_8}=0.040\times 2.00$ MPa$=0.080$ MPa，$P_{n\text{C}_4\text{H}_{10}}=0.020\times 2.00$ MPa$=0.040$ MPa

【問 3.2】 根平均二乗速度
10.0 dm^3 の容積の容器に 1.03×10^{22} 個の H$_2$ 分子が含まれている．この気体の示す圧が 6.34 mmHg であった．気体の温度はいくらか．また，分子の根平均二乗速度はいくらか．
（解）
6.34 mmHg$=8.45\times 10^2$ Pa となる．アボガドロ定数から，1.03×10^{22} 個は $(1.03\times 10^{22})/(6.02\times 10^{23}$ mol$^{-1})=1.71\times 10^{-2}$ mol に相当する．
$PV=nRT$ に代入すると，
8.45×10^2 Pa$\times 10.0\times 10^{-3}$ m$^3=1.71\times 10^{-2}$ mol$\times 8.314$ J K^{-1} mol$^{-1}\times T$ から，$T=59.4$ K となる．
$c_{\text{rms}}=\sqrt{3RT/M_m}$ を用いると，
$c_{\text{rms}}=\sqrt{3\times 8.314\text{ JK}^{-1}\text{mol}^{-1}\times 59.4\text{ K}/(2.016\times 10^{-3})}=857$ m s^{-1}

【問 3.3】 衝突回数
単位体積あたりの分子数 N^* は nN_A/V なので，状態方程式 $(V=nRT/P)$ を代入すると，$N^*=(PN_A)/(RT)$ となる．ここで，$R/N_A=k$（ボルツマン定

数）なので，$N^* = P/(kT)$ となる．これを式 (3.27) に代入すると，$Z_1 = \sqrt{2}\pi d^2 \bar{c}(P/(kT))$ となり，圧力 P，温度 T が決まれば Z_1 が決まる．500℃のセシウム蒸気 (80.0 mmHg) の Z_1 を求めよ．なお，$d = 540$ pm，平均速度 $= 351$ m s^{-1} とする．

（解）

$P = (80.0/760) \times 1.013 \times 10^5 = 1.07 \times 10^4$ Pa となる．

$Z_1 = \sqrt{2}\pi d^2 \bar{c}(P/(kT))$
$= \sqrt{2} \times \pi \times (540 \times 10^{-12} \text{ m})^2 \times 351 \text{ ms}^{-1}$
$\times 1.07 \times 10^4 \text{Pa}/(1.38 \times 10^{-23} \text{ JK}^{-1} \times 773.15 \text{ K}) = 4.56 \times 10^8 \text{ s}^{-1}$

【問 3.4】 平均自由行程

高度 20 km における温度は 217 K，圧力は 0.050 atm である．この高度における N_2 分子の単位体積あたりの分子数 N^* および平均自由行程 λ はいくらか．分子断面積 (πd^2) を 0.43 nm^2 とする．

（解）

1.0 mol の N_2 分子の体積を考える．$P = 0.050 \times 1.013 \times 10^5 = 5.1 \times 10^3$ Pa となる．

$V = nRT/P = 1.0 \text{ mol} \times 8.314 \text{ J K}^{-1} \text{ mol}^{-1} \times 217 \text{ K}/(5.1 \times 10^3 \text{ Pa}) = 3.5 \times 10^{-1} \text{ m}^3$

$N^* = n \times N_A/V = 1.0 \text{ mol} \times 6.02 \times 10^{23} \text{ mol}^{-1}/(3.5 \times 10^{-1} \text{ m}^3) = 1.7 \times 10^{24} \text{ m}^{-3}$

$\lambda = \dfrac{1}{\sqrt{2}\pi d^2 N^*} = \dfrac{1}{\sqrt{2}\pi \times (0.43 \times 10^{-18} \text{m}^2) \times 1.7 \times 10^{24} \text{ m}^{-3}} = 9.7 \times 10^{-7}$ m

【問 3.5】 根平均二乗速度

1 分子の質量が 7.30×10^{-23} g の気体分子 2.5×10^{22} 個が 10 dm^3 の体積を占めていて，その分子の二乗平均速度の平方根は 4.0×10^2 m s^{-1} であるという．この気体の温度および圧力を求めよ．

（解）

まず，気体分子の物質量とモル質量を求めておく．

$n = (2.5 \times 10^{22})/(6.02 \times 10^{23} \text{ mol}^{-1}) = 4.2 \times 10^{-2}$ mol

$M_m = (7.30 \times 10^{-23} \text{ g}) \times (6.02 \times 10^{23} \text{ mol}^{-1}) = 43.9 \text{ g mol}^{-1} = 43.9 \times 10^{-3} \text{ kg mol}^{-1}$

$\overline{c^2} = 3RT/M_m$ に代入すると，

$(4.0\times10^2 \text{ m s}^{-1})^2 = 3\times 8.314 \times T/43.9\times 10^{-3} \text{ kg mol}^{-1}$

よって，$T = 2.80\times 10^2$ K

次に，$PV = nRT$ に代入して，

$P = 4.2\times 10^{-2}$ mol $\times 8.314$ J K^{-1} mol$^{-1}\times 2.80\times 10^2$ K$/(10\times 10^{-3}$ m$^3) = 9.8\times 10^3$ Pa

【問 3.6】 圧縮因子

300 K，5.00 MPa における CO_2 の圧縮因子は 0.6868 である．この条件下で (1) 1.00 mol の CO_2 が占める体積，および，(2) この気体の 1 m^3 の質量（すなわち密度）を求めよ．

(解)

(1) $Z = (PV_m)/(RT)$ を利用する．

$0.6868 = (5.00\times 10^6$ Pa $\times V_m)/(8.314$ J K^{-1} mol$^{-1}\times 300$ K$)$

$V_m = 3.43\times 10^{-4}$ m^3 mol^{-1}

(2) 密度＝モル質量/モル体積なので，

密度 $= (44.01\times 10^{-3}$ kg mol$^{-1})/(3.43\times 10^{-4}$ m^3 mol$^{-1}) = 1.28\times 10^2$ kg m^{-3}

4 ボルツマン分布と分配関数

4.1 統計力学

　容器の中に封入した気体について考えてみよう．この気体は，全体としては動いていないように見えるが，ミクロに見れば，数多くの気体分子が容器の中を動き回っているはずである．気体分子は，お互いに衝突を繰り返し，時には容器の壁面にぶつかりながら，運動を続けている．固体を構成する各原子も，気体分子ほどは自由に動けないであろうが，同じく静止状態にはないだろう．これらの原子・分子の運動は物質の温度に依存し，温度が高くなるにつれてより激しくなると予想される．また，それぞれが同じ動きをするのではなく，速く動く原子・分子もあればゆっくりと運動する原子・分子もあるだろう．物質の熱力学的状態は，これらの原子・分子の運動と深く関連しており，原子・分子が運動する様子を知り，全体の状態との関連を理解することが重要となる．物質を構成する原子・分子の数は膨大であり，個々の原子・分子の運動をすべてを一つ一つ把握することはとてもできないが，多数の原子・分子の運動を統計的に整理することで，熱力学的平衡状態について考えることができる．このようなアプローチは，統計力学と呼ばれる．本章では，統計力学の基本的な考え方と分子の平均エネルギーの求め方について説明する．

4.2 気体分子の空間分布

4.2.1 気体分子の分布

　理想気体分子 N 個を，ある体積の容器内に入れたとしよう（図 4.1）．このとき，容器の右半分と左半分には $N/2$ 個づつ同数の分子が存在するはずであるが，現実にはどうだろうか？　実際に，数えてみよう．ある瞬間に，左半分

4.2 気体分子の空間分布

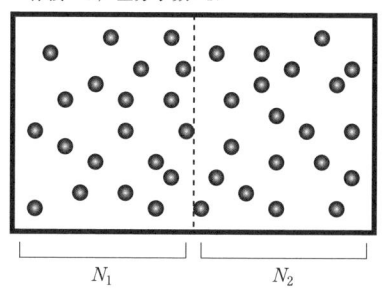

図4.1 体積 V の容器中の N 個の気体分子

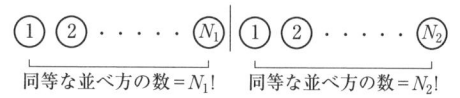

図4.2 N 個の分子を N_1 個と N_2 個に分割する方法

には N_1 個，右半分には N_2 個の分子があったとする．まず，N 個の分子を N_1 個と N_2 個に分割する場合の数を考えてみよう．図4.2に示すように，N 個の分子を一列に並べ，左右の分子数が N_1 個，N_2 個になるように1カ所仕切りをおく．N 個の分子を一列に並べる方法の数は，$N!$ である．左側の分子だけに限れば，その並べ方の数は $N_1!$ となる．ところで，分子は1つづつ区別できないから実際は N_1 個の分子の順番をどのように入れ替えてもよい．分子を区別して数えた $N!$ には，N_1 個の分子をすべて区別して数えた回数 $N_1!$ が含まれている（$N_1!$ 回余分に数えている）ことになる．したがって正しい分割方法の数は，$N!$ を $N_1!$ で割った値となる．右側の N_2 個についても同様である．結局，N 個の分子を N_1 個と N_2 個の分子に分割する方法の数 W は，

$$W(N_1, N_2) = \frac{N!}{N_1! \, N_2!} \qquad (N_1 + N_2 = N) \tag{4.1}$$

となる．左半分と右半分の体積は等しいから，1つの分子が左半分にいる確率と右半分にいる確率は，どちらも $1/2$ で等しい．N 個の分子を N_1 個と N_2 個の分子に分割する方法のどれか1つが実現する確率 $(1/2)^{N_1}(1/2)^{N_2}=(1/2)^N$ は，すべての場合について等しい．したがって，ある N_1, N_2 の組み合わせが選ばれる確率は $W \times (1/2)^N$ であるから，W が最大となる N_1, N_2 の組み合わせが，最も確率の高い分子配置である．

分子数 N は，1 mol の気体ではおよそ 6×10^{23} 個であ

Ludwig Boltzmann, 1844.2.20-1906.9.5

る．このようにとても大きな数の階乗の計算には，スターリングの公式と呼ばれる，次の近似式 (4.2), (4.3) を使うと便利である*．

$$N! \cong N^N e^{-N} \quad (N \gg 1) \tag{4.2}$$

$$\ln N! \cong N \ln N - N \quad (N \gg 1) \tag{4.3}$$

スターリングの公式を使うと式 (4.1) は

$$W(N_1, N_2) = \left(\frac{N^N e^{-N}}{N_1^{N_1} e^{-N_1} N_2^{N_2} e^{-N_2}}\right) = \left(\frac{N}{N_1}\right)^{N_1}\left(\frac{N}{N_2}\right)^{N_2} \tag{4.4}$$

$$\ln W(N_1, N_2) = -N_1 \ln\left(\frac{N_1}{N}\right) - N_2 \ln\left(\frac{N_2}{N}\right) \tag{4.5}$$

となる．$N_2 = N - N_1$ であるから，

$$\ln W(N_1, N-N_1) = -N_1 \ln\left(\frac{N_1}{N}\right) - (N-N_1)\ln\left(\frac{N-N_1}{N}\right) \tag{4.6}$$

である．W が最大値となるのは，式 (4.6) が極値となる N_1 のときである．この値は，

$$\frac{d}{dN_1} \ln W(N_1, N-N_1) = \ln \frac{N-N_1}{N_1} = 0 \tag{4.7}$$

で与えられる．すなわち，

$$\frac{N-N_1}{N_1} = 1 \quad \therefore N_1 = \frac{N}{2} \tag{4.8}$$

のときに，分配方法の数が最大となる．このときの N_1, N_2 が最も確からしい分子分布である．

ところで，極値という条件だけでは，最小値の可能性もあり，最大値ではないかもしれない．本当に最大値であるかどうか確かめておこう．図 4.3 に，N_1 の関数としての W を，$N=10$ と $N=1000$ の場合について示した．どちらのグラフも，横

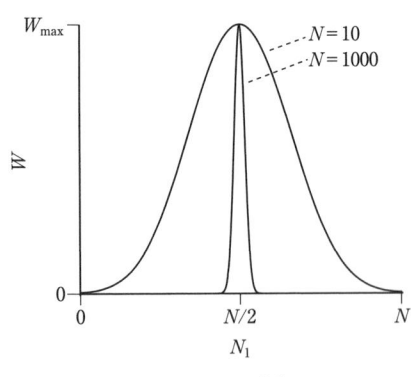

図 4.3 W の分布

---

* より厳密なスターリングの近似式は，

$$N! \cong \sqrt{2\pi N} N^N e^{-N}, \quad \ln N! \cong N \ln N - N + \frac{1}{2}\ln(2\pi N)$$

で与えられる．

軸を全分子数 N で，縦軸を W の最大値で規格化してある．確かに，$N_1=N/2$ で W が最大値になっている．$N=10$ と $N=1000$ とを比べると，$N=1000$ のほうが分布形状が鋭い．分子の数が少ないときは，$N_1=N/2$ からずれる可能性が高く，分子数が多くなると分布の揺らぎが小さくなることを示している．揺らぎの大きさ ΔN_1 と分子数 N には，$\Delta N_1/N \propto 1/\sqrt{N}$ の関係があり，分子数 N で規格化したときの相対的ピーク幅は，分子数が多くなるほど狭い．分子数が 10^{23} 個のオーダーまで大きくなると，図 4.3 に描いてもピーク幅よりも線幅のほうが太くなってしまうほど鋭い分布となる．現実には，$N_1=N/2$ 以外の分子分布はあり得ないといえる．

4.2.2 確率が最大となる分子分布

一般的な場合について考えてみよう．図 4.4 に示すように，体積 V の空間を n 個の小空間に分割し，それぞれの空間に分子を配置する．このとき，
$$V = V_1 + V_2 + \cdots + V_n \tag{4.9}$$
である．総数 N 個の分子を $N_1, N_2, \cdots, N_n$ 個づつに n 分割して，それぞれの分子群を体積 $V_1, V_2, \cdots, V_n$ の小空間に配置したときの，分子配置の方法の数は次のように求める．

（1） まず，N 個の分子を，$N_1, N_2, \cdots, N_n$ 個に n 分割する．この場合の数 W_1 は，次式で得られる（i 番目の組に全く分子が配分されない（$N_i=0$）の場合，0 個の分子をならべる方法の数は 1 通りなので，$0!=1$ とする）．
$$W_1 = \frac{N!}{N_1! N_2! \cdots N_n!} \quad (N = N_1 + N_2 + \cdots + N_n) \tag{4.10}$$

（2） 次に，分割した j 番目の分子集団（N_j 個）を j 番目の小空間（体積 V_j）に配置する．いまは，分子は質点で大きさはないと考えているから，体積 V_j の空間に分子を配置する方法の数は，実は無限大である．しかし，V_j が 2 倍になれば配置方法の数も 2 倍になるはずである．「分子の配置方法の数は体積に比例する」と，考えてよい．そこで，分子を配置する方法の

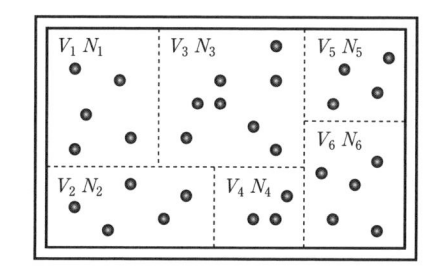

図 4.4 空間の分割と分子の分配

数を，空間の体積 V で表すことにする．この考え方では，N_j 個の分子を体積 V_j の空間内に配置する方法の数は，$V_j^{N_j}$ となる．$N_1, N_2, \cdots, N_n$ 個の分子を，体積 $V_1, V_2, \cdots, V_n$ の小空間におく方法の数 W_2 は，

$$W_2 = V_1^{N_1} V_2^{N_2} \cdots V_n^{N_n} \tag{4.11}$$

となる．

(3) N 個の分子を $N_1, N_2, \cdots, N_n$ 個に分割して体積 $V_1, V_2, \cdots, V_n$ の小空間に配置する場合の数 W は，式 (4.10)，(4.11) から，

$$W = W_1 \times W_2 = \frac{N!}{N_1! N_2! \cdots N_n!} V_1^{N_1} V_2^{N_2} \cdots V_n^{N_n} \tag{4.12}$$

と与えられる．

式 (4.12) を用いて，最も確からしい分子の分布が「各小空間に分配される分子の数がその小空間の体積に比例する」分布であることを確かめてみよう．次式，

$$\frac{N_j}{V_j} = \frac{N}{V} \tag{4.13}$$

の関係が成立し，分子が均一に拡がっていることを証明すればよい．スターリングの公式を用いれば，式 (4.12) より，

$$\ln W \cong N \ln N + \sum_{j=1}^{n} N_j \ln \frac{V_j}{N_j} \tag{4.14}$$

が得られる．この $\ln W$ が極値をとる N_j の組み合わせが，求める解である．このとき，N_j が微少量 δN_j 変化したときの $\ln W$ の微小変化分 $\delta \ln W$ は，ゼロとなる．

$$\delta \ln W = \sum_{j=1}^{n} \frac{\partial \ln W}{\partial N_j} \delta N_j = \sum_{j=1}^{n} \left(\ln \frac{V_j}{N_j} - 1 \right) \delta N_j = 0 \tag{4.15}$$

N_j がどのように変化しても全分子数 N は一定のままであるから，

$$\delta N = \sum_{j=1}^{n} \delta N_j = 0 \tag{4.16}$$

である．式 (4.16) にある未知の定数（ここでは λ とおく）を掛けて，式 (4.15) に加えれば，

$$\sum_{j=1}^{n} \left(\ln \frac{V_j}{N_j} - 1 \right) \delta N_j + \lambda \sum_{j=1}^{n} \delta N_j = 0 \tag{4.17}$$

となる．任意の δN_j で式 (4.17) が成立するためには，

$$\ln\frac{V_j}{N_j}=1-\lambda \quad \therefore N_j=V_j e^{\lambda-1} \tag{4.18}$$

でなくてはならない．全分子数は $N=\sum_{j=1}^{n}N_j$ であり，全体積 $V=\sum_{j=1}^{n}V_j$ であるから，

$$N=\sum_{j=1}^{n}N_j=e^{\lambda-1}\sum_{j=1}^{n}V_j=Ve^{\lambda-1} \tag{4.19}$$

となる．$N_j/V_j=N/V$ の関係が成立していることは，式 (4.18)，(4.19) から容易に導かれる．ここで述べた，未知の定数を式に乗じて解を導く方法は，ラグランジュの未定乗数法と呼ばれる．

4.3 気体分子の速度分布

4.3.1 速度空間上での分子の分布

気体分子がどのくらいの速度で動き，その速度で動く分子がいくつあるか，ということを表す式が分子の速度分布である．三次元空間を移動する分子の速度 v は，x,y,z 方向の速度成分 s,u,w に分けることができる（図 4.5 (a)）．ここで，速度 v の x,y,z 成分 s,u,w を座標とする直交座標系を考えよう．この座標系は速度空間（図 4.5 (b)）と呼ばれ，ある 1 つの分子の速度 $\boldsymbol{v}=(s,u,w)$ は速度空間上の 1 つの点として，N 個の分子の速度 $\boldsymbol{v}_1,\boldsymbol{v}_2,\cdots,\boldsymbol{v}_n$ は N 個の点で示される．分子の位置と空間の体積からその空間分布について考えたやり方と同じく，速度空間での位置と体積から分子の速度分布を考えることができる．

速度空間を微小領域に分割し，その領域内にいくつの分子があるか（分子の速度を示す点が何個あるか）を考える．まず，図 4.5 (b) に示すように，速度空間上の微小領域（各辺の長さが $\Delta s, \Delta u, \Delta w$ の直方体）に注目し，この直

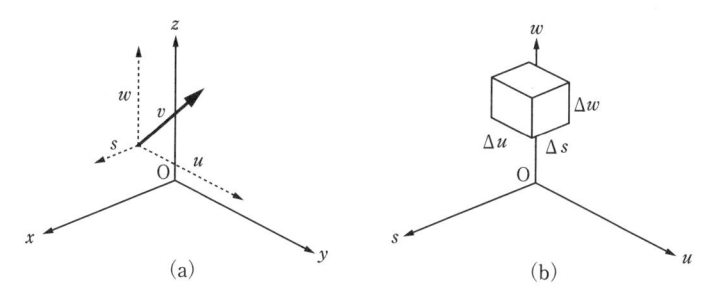

図 4.5 (a) 三次元空間での分子の動きと速度，(b) 速度空間上の微小体積

方体の「体積＝$\Delta s \times \Delta u \times \Delta w$」を$g$で表すことにする．速度空間の中には無限の微小空間があるが，そのj番目をg_jとし，この中にある分子の数をN_jとすれば，速度空間内に分子を分配する方法の数は，式（4.12）と同様に，

$$W = \frac{N!}{N_1! N_2! \cdots N_j! \cdots} g_1^{N_1} g_2^{N_2} \cdots g_j^{N_j} \cdots \tag{4.20}$$

となる．スターリングの公式から，

$$W = \left(\frac{N}{N_1}\right)^{N_1} \left(\frac{N}{N_2}\right)^{N_2} \cdots \left(\frac{N}{N_j}\right)^{N_j} \cdots g_1^{N_1} g_2^{N_2} \cdots g_j^{N_j} \cdots \tag{4.21}$$

$$\ln W = N \ln N + \sum_j N_j \ln \frac{g_j}{N_j} \tag{4.22}$$

が得られる．これを最大にするN_jの組み合わせが最も確からしい分布，すなわち実際の分子の速度分布である．$\ln W$が最大になる条件を，ラグランジュの未定乗数法をつかって求めよう．式（4.15）と同様に，N_jが微少量δN_j変化したとして，$\delta \ln W$がゼロとなる条件を導けばよい．

$$\delta \ln W = \sum_j \left(\ln \frac{g_j}{N_j} - 1\right) \delta N_j = 0 \tag{4.23}$$

全分子数$N = \sum_j N_j$は一定なので，

$$\delta N = \sum_j \delta N_j = 0 \tag{4.24}$$

である．さらに，N_jがどのように変化しても，気体の全エネルギー（すべての分子の運動エネルギーの和）が変化しないように条件を限定する必要がある．j番目の速度領域にある1分子のエネルギーをE_jとすれば，気体の全エネルギーは，

$$E = \sum_j E_j N_j \tag{4.25}$$

であり，全エネルギー一定という条件は

$$\delta E = \sum_j E_j \delta N_j = 0 \tag{4.26}$$

と書ける．式（4.24）に未定乗数$-\alpha + 1$を，式（4.26）に未定乗数βを掛けて式（4.23）に加えると，

$$\sum_j \left(\ln \frac{g_j}{N_j} - \alpha - \beta E_j\right) \delta N_j = 0 \tag{4.27}$$

となる．任意のδN_jで式（4.27）が成立するから，

$$\ln \frac{g_j}{N_j} - \alpha - \beta E_j = 0 \tag{4.28}$$

4.3 気体分子の速度分布

$$N_j = g_j e^{-\alpha - \beta E_j} \tag{4.29}$$

が得られる．全分子 N 個のうちエネルギーが E_j となる分子数の割合（ある分子のエネルギーが E_j となる確率）は，

$$\frac{N_j}{N} = \frac{e^{-\alpha}}{N} e^{-\beta E_j} g_j \tag{4.30}$$

となる．

4.3.2 マックスウェル–ボルツマン分布

単原子分子気体の場合は，分子のエネルギーとしてはその並進運動エネルギーだけを考えればよい．分子の質量を m とすれば，

$$E_j = \frac{1}{2} m(s_j^2 + u_j^2 + w_j^2) \tag{4.31}$$

である．g_j は微小速度空間の体積 $\Delta s \Delta u \Delta w$ であり，$dsdudw$ と書ける．式 (4.30)，(4.31) より，分子が速度 (s, u, w) となる確率 $f(s, u, w)$ は，$e^{-\alpha}/N = A$ とおけば，

$$f(s, u, w)dsdudw = A e^{-\beta \frac{m}{2}(s^2 + u^2 + w^2)} dsdudw \tag{4.32}$$

となる．式 (4.32) は確率を表しており，すべての速度 (s, u, w) について足しあわせれば 1 になる．すなわち，

$$\iiint_{-\infty}^{\infty} f(s, u, w)dsdudw = 1 \tag{4.33}$$

である．これを計算すれば，

$$A = \left(\frac{\beta m}{2\pi}\right)^{\frac{3}{2}} \tag{4.34}$$

が求まる*．

速度分布から，理想気体の内部エネルギーを求めてみよう．内部エネルギー

---

* $\iiint_{-\infty}^{\infty} A e^{-\beta \frac{m}{2}(s^2 + u^2 + w^2)} dsdudw = 1$

$A \int_{-\infty}^{\infty} \exp\left(-\frac{\beta m s^2}{2}\right) ds \int_{-\infty}^{\infty} \exp\left(-\frac{\beta m u^2}{2}\right) du \int_{-\infty}^{\infty} \exp\left(-\frac{\beta m w^2}{2}\right) dw = 1$

$A \left\{\int_{-\infty}^{\infty} \exp\left(-\frac{\beta m v^2}{2}\right) dx\right\}^3 = 1 \quad (v = s, u, w)$

積分公式 $\int_{-\infty}^{\infty} e^{-ax^2} dx = \sqrt{\frac{\pi}{a}}$ を用いて解けば，$A = \left(\frac{\beta m}{2\pi}\right)^{\frac{3}{2}}$ となる．

は，各分子のエネルギーの総和である．分子1つのエネルギーの平均 $\overline{E}$ を求め，それに分子数 N を掛ければ内部エネルギーが得られる．理想気体分子は，内部エネルギーをすべて運動エネルギーとして持っていることを考慮すると，$\overline{E}$ は分子の運動エネルギー E_j（分子の速度で決まる）に，分子がその速度となる確率 f を掛けて，すべての速度について積分すればよい．

$$\overline{E} = \iiint_{-\infty}^{\infty} E_j f(s, u, w) ds du dw$$
$$= A \iiint_{-\infty}^{\infty} \frac{1}{2} m(s^2 + u^2 + w^2) e^{-\frac{\beta m}{2}(s^2 + u^2 + w^2)} ds du dw \quad (4.35)$$

詳しい計算過程は省くが，この積分結果と式 (4.34) から

$$\overline{E} = \frac{3}{2\beta} \quad (4.36)$$

が求まる．1 mol の理想気体の内部エネルギーは，$U = 3RT/2$ であるから，

$$\overline{E} \times N_A = \frac{3 N_A}{2\beta} = \frac{3}{2} RT \quad (4.37)$$

である．N_A はアボガドロ定数（Avogadro constant），R は気体定数（gas constant）である．ここで，$k = R/N_A$ という定数を導入すれば，

$$\beta = \frac{1}{kT} \quad (4.38)$$

の関係式が得られる．この k は，ボルツマン定数（Boltzmann constant）と呼ばれる基本物理定数である（表 1.4 参照）．

式 (4.32) は，「分子に特別な相互作用が働かない」条件下での速度分布を示している．より一般的な場合について，考えておこう．分子になんらかの力（例えば重力や静電気力）が働き，運動エネルギーだけでなく分子の位置に依存する位置エネルギーを，考えに入れる必要がある場合である．位置エネルギーを空間座標の関数 $\varphi(x, y, z)$ で表せば，気体分子の速度が $(s, u, w) \sim (s+ds, u+du, w+dw)$ の間にあり，位置が $(x, y, z) \sim (x+dx, y+dy, z+dz)$ にある確率は，

$$f(s, u, w, x, y, z) ds du dw dx dy dz$$
$$= C e^{-\beta \left\{ \frac{m}{2}(s^2 + u^2 + w^2) + \varphi(x, y, z) \right\}} ds du dw dx dy dz \quad (4.39)$$

で与えられる．ただし，C は定数である．

4.3 気体分子の速度分布

気体分子の速度分布を示す式 (4.32), (4.39) の関係式は, マックスウェル-ボルツマンの速度分布 (Maxwell-Boltzmann distribution of molecular velocities) と呼ばれる. 単にマックスウェル分布（速度分布）(Maxwell distribution) と呼ばれる場合もある. 速度分布に関する仮定を 1859 年に導いたイギリスの科学者 Maxwell と, それをより厳密に証明し拡張したオーストリアの科学者 Boltzmann の名前からつけられている.

4.3.3 気体分子の速さの分布

分子の速度分布を, 一目でわかるようにグラフ化してみよう. 式 (4.32) は, 速度の x, y, z 成分 s, u, w が正規分布（ガウス分布）であることを示している. 図 4.6 に, 横軸を u, 縦軸を $f(u)$ としたグラフを示す. 正規分布であるから, 速度分布は左右対称である. このグラフから, $u=0$ の分子が最も多いこと（ただし, 同時に s, w がゼロであるとは限らないため, $u=0$ でも分子の速度が 0 であるという意味ではない）, 正の方向へ動く分子とそれとは反対方向へ走る分子の数が同じで, 速い分子ほど数が少なくなることがわかる.

速度の x, y, z 成分がどのような分布になるかはわかったが, 実際には, 分子がどの方向に動いているか, つまり x, y, z 成分ごとの速度分布よりも, 分子の動く速さ $v=|\boldsymbol{v}|$ の分布を知りたい場合が多い. 速さ v_j の分子の運動エネルギーは $E_j=mv_j^2/2$ であるから, 式 (4.30), (4.34) より,

$$f(v)=\frac{N_j}{N}=\left(\frac{\beta m}{2\pi}\right)^{\frac{3}{2}} e^{\frac{-\beta mv_j^2}{2}} g_j \tag{4.40}$$

となる. ここで, g_j は速さが v_j となる領域の微小体積である. 速度空間上で,

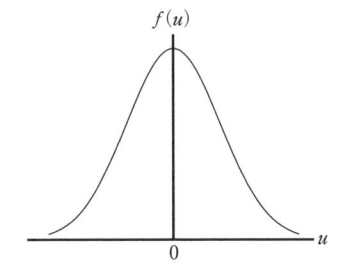

図 4.6 分子運動速度 u（y 成分）の分布

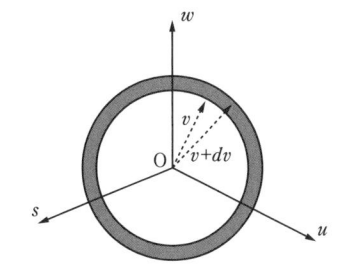

図 4.7 速度空間上の速さが $v \sim v+dv$ となる領域

$v=|\boldsymbol{v}|$ は原点からの距離に対応し,分子の速さを表す式 $v=\sqrt{s^2+u^2+w^2}$ は,半径 v の球面を表す.したがって,速さが $v \sim v+dv$ の間に収まる領域は,速度空間上の半径 v の球面と半径 $v+dv$ の球面に挟まれた空間になる(図4.7).その体積 $4\pi v^2 dv$ で式(4.40)の g_j を置き換えれば,速さ v の分布式(4.41)が得られる.

$$f(v)dv=\left(\frac{\beta m}{2\pi}\right)^{\frac{3}{2}}4\pi v^2 e^{-\frac{\beta mv^2}{2}}dv=\left(\frac{m}{2\pi kT}\right)^{\frac{3}{2}}4\pi v^2 e^{-\frac{mv^2}{2kT}}dv \quad (4.41)$$

図4.8に $f(v)$ をグラフ化した.$f(v)$ は,左右非対称で速さの大きな側に長く裾を引いていることが特徴である.また,$v=0$,$v=\infty$ で $f(v)=0$ となる.速さがゼロ付近の分子も,非常に速い分子も数が少ない.ある速度 v_α で最大となるが,この速さの最頻値 v_α は,$df/dv=0$ となる v を求めることで得られる.

$$v_\alpha=\sqrt{\frac{2kT}{m}} \quad (4.42)$$

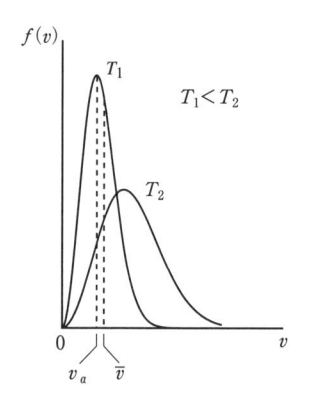

図4.8 気体分子の速さの分布

この値は,次式によって与えられる分子の速さの平均値 $\bar{v}$ よりやや小さい.

$$\bar{v}=\int_0^\infty vf(v)dv=4\pi\left(\frac{m}{2\pi kT}\right)^{\frac{3}{2}}\int_0^\infty v^3 e^{-\frac{mv^2}{2kT}}dv=\sqrt{\frac{8kT}{\pi m}} \quad (4.43)$$

図4.8には,2つの異なる温度での $f(v)$ 分布を示してある.温度によって分布形状は変化するが,基本的な特徴は同じで,その面積(ゼロから無限大までの積分値)も等しい.グラフから,温度が高くなると,速い分子がより多くなりより長く裾を引くこと,ピーク値が低くなり分布が左右に広がることがわかる.

4.4 分子の熱運動と内部エネルギー

分子の位置座標 x, y, z と速度座標 s, u, w をまとめてひとつの座標系 (x, y, z, s, u, w) とした六次元空間を考えれば,六次元空間中の一点で分子の位置と速度を同時に表すことができる.統計力学では,分子の運動を,速度 $\boldsymbol{v}$ よりも運動量 $\boldsymbol{p}=m\boldsymbol{v}$ で考えたほうが都合がよいことが多い.これからは,速度

4.4 分子の熱運動と内部エネルギー

$v(s, u, w)$ の代わりに運動量 $p(p_x, p_y, p_z)$ に基づく運動量座標を使って，分子の熱運動と内部エネルギーについて考えてみよう．このような，分子の位置と運動量を座標とする空間を位相空間という．

4.4.1 ボルツマン因子と分配関数

N 個の分子のうちある 1 つの分子がエネルギー E_j を持つ確率 $f(E_j)$ は，

$$f(E_j) = \frac{N_j}{N} = g_j e^{-\alpha - \beta E_j} \tag{4.44}$$

で与えられる．すべての E_j について足しあわせると 1 になるから，

$$\sum_j f(E_j) = e^{-\alpha} \sum_j g_j e^{-\beta E_j} = 1 \tag{4.45}$$

である，これより，

$$e^{-\alpha} = \frac{1}{\sum_j g_j e^{-\beta E_j}} \tag{4.46}$$

と定まる．したがって，

$$f(E_j) = \frac{g_j e^{-\beta E_j}}{\sum_i g_i e^{-\beta E_i}} \left(= \frac{g_j e^{-E_j/kT}}{\sum_i g_i e^{-E_i/kT}} \right) \tag{4.47}$$

である．

$e^{-\alpha}$ は定数であるから，式 (4.44) から「確率 $f(E_j)$ は $e^{-\beta E_j}$ に比例する」と導かれる．すなわち

$$f(E_j) \propto e^{-\beta E_j} \quad (e^{-\beta E_j} = e^{-E_j/kT}) \quad (k はボルツマン定数) \tag{4.48}$$

である．この $e^{-\beta E_j}(= e^{-E_j/kT})$ が，ボルツマン因子であり，式 (4.47) は，ボルツマン分布と呼ばれる「温度 T で熱力学的平衡状態にある系に含まれる分子のエネルギーと数の関係」を示す．理想気体を例に説明してきたが，理想気体に限らずあらゆる系の熱平衡状態を記述する重要な関係式である．

式 (4.47) の分母は，分配関数と呼ばれる．

$$Z = \sum_j g_j e^{-\beta E_j} \left(= \sum_j g_j e^{-E_j/kT} \right) \tag{4.49}$$

ここで g_j は，「位相空間の j 番目の微小領域の中で，いくつの状態（エネルギー E_j となる分子配置と運動量の組み合わせ：微視的状態と呼ばれる）が最大限許されるか」ということを示す指標，微視的状態の数（状態数）である[*1]．

ここまでは，位相空間を細かく分割して，それぞれの和をとることで全体を表した．位相空間は連続であるから，積分の形で表現してみよう．1個の分子の状態は，その位置 $\boldsymbol{q}=(x, y, z)$ と運動量 $\boldsymbol{p}=(p_x, p_y, p_z)$ で表すことができ，位相空間上の1つの点 $(\boldsymbol{q}, \boldsymbol{p})$ で示される．運動量の x, y, z 成分は，速度の x, y, z 成分と

$$p_x = ms, \quad p_y = mu, \quad p_z = mw \tag{4.50}$$

の関係にある．g_j は微視的状態の数であり，あるエネルギー状態になる分子の位置と運動量の組み合わせの数を表す．連続な位相空間での体積もまた連続であり，このままでは状態の数を1個，2個，…と数えるには都合が悪い．そこで，便宜的に，位相空間を単位胞で分割し微視的状態の数を数えよう．g_j を「位相空間体積をそれよりも十分小さい単位体積=a で割った数」とする[*2]．

$$g_j = (dxdydzdp_xdp_ydp_z)/a = d\boldsymbol{q}d\boldsymbol{p}/a \tag{4.51}$$

式 (4.51) を式 (4.44) に代入し式 (4.53) を得る．ここで C は定数であり，このなかに a も含まれる．

$$f(\boldsymbol{q}, \boldsymbol{p})d\boldsymbol{q}d\boldsymbol{p} = Ce^{-\beta E(\boldsymbol{q}, \boldsymbol{p})}d\boldsymbol{q}d\boldsymbol{p} \tag{4.52}$$

1つの分子が持つエネルギーの平均値は，級数の形で表現すれば，

$$\overline{E} = \frac{\sum_j E_j g_j e^{-\beta E_j}}{\sum_j g_j e^{-\beta E_j}} \tag{4.53}$$

[*1] ボルツマン分布および分配係数の式として，

$$f(E_j) = \frac{e^{-\beta E_j}}{\sum_i e^{-\beta E_i}}, \quad Z = \sum_i e^{-\beta E_i}$$

も，しばしば用いられる．これらの式では，微視的状態を1つづつ区別しすべての微視的状態について和をとるために，この形になる．これに対し，式 (4.47)，(4.49) では，エネルギーの大きさが同じ微視的状態が複数ある場合には，エネルギー項に状態数 g を掛けて，同じエネルギーごとに微視的状態を1組にまとめてから和をとっている．

[*2] 本書の範囲では，g 同士を相対的に比較できれば問題ないので，a はどんな値でもかまわない．式 (4.52) で，$a=1$ として，g に位相空間の体積そのものをあてはめたとしても，得られる結果は同じである．連続的な位相空間では，体積 a はどのように小さな値でもとることができる．しかし，不確定性原理からくる $dxdp_x \cong h$（h はプランク定数）の関係があり，式 (4.52) では a は h^3 程度とすることが妥当であると考えられている．$dx \times dp$ は長さ×運動量の次元を持つ作用と呼ばれる物理量であり，h は作用を量子化する際の最小単位（作用量子）と見なすことができる．

g を位相空間の体積というアナログ量ではなく，微視的状態の数というデジタル数値で表す理由は，「エネルギーが等しい複数の微視的状態が実現する確率はすべて等しい（これを等確率の原理という）」というルールを当てはめるには，g が連続ではなく1個，2個，3個，…と数えられるほうが都合がよいからである．

これらの議論は，量子統計力学において特に重要になることであり，ここでは「a はきわめて小さい」と理解しておけば十分である．

であり，積分形式では，

$$\overline{E} = \frac{\iint E(\boldsymbol{q},\boldsymbol{p})e^{-\beta E(\boldsymbol{q},\boldsymbol{p})}d\boldsymbol{q}d\boldsymbol{p}}{\iint e^{-\beta E(\boldsymbol{q},\boldsymbol{p})}d\boldsymbol{q}d\boldsymbol{p}} \tag{4.54}$$

となる．なお，積分式で表現したときの分配関数 Z は，次式で与えられる．

$$Z = \frac{1}{a}\iint e^{-\beta E(\boldsymbol{q},\boldsymbol{p})}d\boldsymbol{q}d\boldsymbol{p} \tag{4.55}$$

一般に，ボルツマン分布に従う系では，$\boldsymbol{q}$ と $\boldsymbol{p}$ の関数である物理量 M の平均値は，式 (4.56) で表される*．

$$\overline{M} = \frac{\iint M(\boldsymbol{q},\boldsymbol{p})e^{-\beta E(\boldsymbol{q},\boldsymbol{p})}d\boldsymbol{q}d\boldsymbol{p}}{\iint e^{-\beta E(\boldsymbol{q},\boldsymbol{p})}d\boldsymbol{q}d\boldsymbol{p}} \tag{4.56}$$

4.4.2 エネルギー等分配の法則

長さ L の一次元空間を質量 m の分子（質点）が左右に運動しているときの，分子のエネルギー平均値を求めてみよう（図 4.9）．運動する分子のエネルギーは，

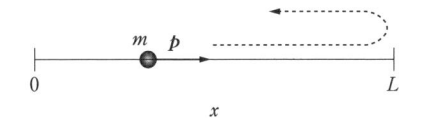

図 4.9 一次元空間での質点の運動

$$E(\boldsymbol{q},\boldsymbol{p}) = \frac{1}{2m}(p_x^2 + p_y^2 + p_z^2) + \varphi(\boldsymbol{q}) \tag{4.57}$$

と書けるが，位置エネルギー項はゼロであり，運動の y, z 成分もないので，$p_y = p_z = 0$ である．$p_x = p$ とおいて，

$$E(\boldsymbol{q},\boldsymbol{p}) = E(p) = \frac{p^2}{2m} \tag{4.58}$$

となる．$d\boldsymbol{p} = dp_x = dp$ である．粒子は $x=0$ から $x=L$ の間を運動しており，y, z 成分はないので，$d\boldsymbol{q} = dx = dq$ となる．運動量 p の許容範囲は $-\infty$ から $+\infty$ であるから，エネルギーの平均値は，

---

* エネルギーを分子の位置と運動量の関数で表した $E(\boldsymbol{q},\boldsymbol{p})$ は，ハミルトニアン（Hamiltonian）と呼ばれ，しばしば $H(\boldsymbol{q},\boldsymbol{p})$ と記述される．

$$\overline{E} = \frac{\int_0^L dq \int_{-\infty}^{\infty} \frac{p^2}{2m} e^{-\frac{\beta p^2}{2m}} dp}{\int_0^L dq \int_{-\infty}^{\infty} e^{-\frac{\beta p^2}{2m}} dp} = \frac{\int_{-\infty}^{\infty} \frac{p^2}{2m} e^{-\frac{\beta p^2}{2m}} dp}{\int_{-\infty}^{\infty} e^{-\frac{\beta p^2}{2m}} dp} \tag{4.59}$$

$$\overline{E} = \frac{\frac{1}{2\beta}\left(\frac{2\pi m}{\beta}\right)^{1/2}}{\left(\frac{2\pi m}{\beta}\right)^{1/2}} = \frac{1}{2\beta} = \frac{1}{2}kT \tag{4.60}$$

と計算できる*.

ここで, $\frac{\partial}{\partial \beta} \ln Z$ を計算してみよう. 式 (4.49), (4.55) から, それぞれ

$$\frac{\partial}{\partial \beta} \ln\left(\sum_i g_i e^{-\beta E_i}\right) = -\frac{\sum_j E_j g_j e^{-\beta E_j}}{\sum_i g_i e^{-\beta E_i}} \tag{4.61}$$

$$\frac{\partial}{\partial \beta} \ln\left(\frac{1}{a}\iint e^{-\beta H(q,p)} dq dp\right) = -\frac{\iint H(q,p) e^{-\beta H(q,p)} dq dp}{\iint e^{-\beta H(q,p)} dq dp} \tag{4.62}$$

が得られる. どちらも,

$$\frac{\partial}{\partial \beta} \ln Z = -\overline{E} \tag{4.63}$$

であることを示している.

式 (4.63) を用いても, 式 (4.60) と同じ結果が得られることを導いてみよう.

$$Z = \frac{1}{a}\int_0^L dq \int_{-\infty}^{\infty} e^{-\frac{\beta}{2m}p^2} dp = \frac{L}{a}\left(\frac{2m\pi}{\beta}\right)^{\frac{1}{2}} = \frac{L\sqrt{2m\pi}}{a}\frac{1}{\sqrt{\beta}}$$

$$\ln Z = \ln\frac{L\sqrt{2m\pi}}{a} - \frac{1}{2}(\ln \beta)$$

$$\frac{\partial}{\partial \beta} \ln Z = -\frac{1}{2\beta} \tag{4.64}$$

単原子分子が体積 V の空間で三次元運動している場合には, x, y, z 3 方向すべてに運動量成分があるため, 分配関数は

$$Z = \frac{1}{a}\int e^{-\frac{\beta}{2m}(p_x^2 + p_y^2 + p_z^2)} dx dy dz dp_x dp_y dp_z$$

---

* $\int_{-\infty}^{\infty} e^{-ax^2} dx = \sqrt{\frac{\pi}{a}}$

$$= \frac{1}{a} \iiint dxdydz \int_{-\infty}^{\infty} e^{-\frac{\beta}{2m}p_x^2} dp_x \int_{-\infty}^{\infty} e^{-\frac{\beta}{2m}p_y^2} dp_y \int_{-\infty}^{\infty} e^{-\frac{\beta}{2m}p_z^2} dp_z \quad (4.65)$$

で与えられる．積分 $\iiint dxdydz$ は体積 V を与え，式 (4.60), (4.61) の計算と同様に，$\int_{-\infty}^{\infty} e^{-\frac{\beta}{2m}p_x^2} dp_x = \left(\frac{2m\pi}{\beta}\right)^{\frac{1}{2}}$ であるから，

$$Z = \frac{1}{a} V \left(\frac{2m\pi}{\beta}\right)^{\frac{3}{2}} \quad (4.66)$$

である．したがって，

$$\frac{\partial}{\partial \beta} \ln Z = \frac{\partial}{\partial \beta}\left[\ln\left\{\frac{V}{a}(2m\pi)^{\frac{3}{2}}\right\} + \ln\left(\frac{1}{\beta}\right)^{\frac{3}{2}}\right] = -\frac{3}{2\beta} \quad (4.67)$$

$$\overline{E} = \frac{3}{2}kT \quad (4.68)$$

が得られる．これは，x, y, z 3 方向の運動それぞれに，$kT/2$ のエネルギーが配分されていることを示している．1 mol の単原子分子理想気体の内部エネルギーは，

$$U = N_A \times \frac{3}{2}kT = \frac{3}{2}RT \quad (4.69)$$

となる．

　これまで，気体分子の熱平衡状態について解析を進めてきた．では，固体物質についてはどのように考えればよいのだろう．結晶とそれを構成する原子は，図 4.10 に示すように，各格子点に原子が配置されており，隣り合う原子同士が小さなバネでつながれているというふうにモデル化できる．これらの原子は，気体分子のように自由に動き回ることはできないが，格子点を中心に前後左右に振動していると考えればよい．振動のエネルギーから，固体の熱力学的状態を知ることができる．

　そこで，振動する質点の簡単な例である一次元調和振動子（図 4.11）のエネルギーを考えてみよう．一次元調和振動子では，質量 m の質点が，角振動数 ω で直線上を，原点を中心に往復運動している．質点には q 座標原点からの距離 x に応じて力 $F = -m\omega^2 x$ が加わる．質点の運動量を p とすれば，一次元調和振動子のエネルギーは，

$$E(p, q) = \frac{1}{2m}p^2 + \frac{1}{2}m\omega^2 q^2 \quad (4.70)$$

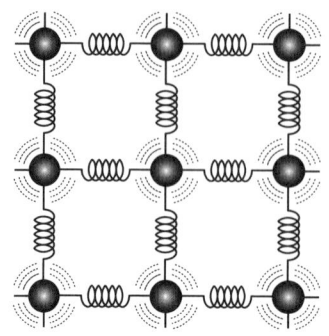

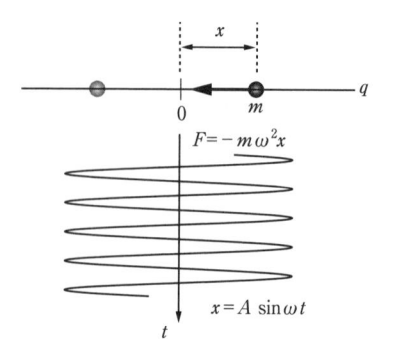

図4.10 結晶格子と振動する原子

図4.11 一次元調和振動子

と書ける．第1項が運動エネルギー成分，第2項が位置エネルギー成分である．pもqも値として許される範囲は$-\infty$から$+\infty$であるから，分配関数Zは，

$$Z = \frac{1}{a}\int e^{-\frac{\beta}{2m}p^2 - \frac{\beta}{2}m\omega^2 q^2} dp\,dq = \frac{1}{a}\int_{-\infty}^{\infty} e^{-\frac{\beta}{2m}p^2} dp \int_{-\infty}^{\infty} e^{-\frac{\beta}{2}m\omega^2 q^2} dq \quad (4.71)$$

である．積分を計算すれば，

$$Z = \frac{1}{a}\left(\frac{2m\pi}{\beta}\right)^{\frac{1}{2}}\left(\frac{2\pi}{m\beta\omega^2}\right)^{\frac{1}{2}} \quad (4.72)$$

$\partial \ln Z/\partial \beta = -\overline{E}$ から，

$$\overline{E} = \frac{1}{2\beta} + \frac{1}{2\beta} = \frac{kT}{2} + \frac{kT}{2} = kT \quad (4.73)$$

を得る．運動エネルギーと位置エネルギーにそれぞれ，$kT/2$のエネルギーが配分されることがわかった．

三次元結晶では，原子は格子点でx, y, zの3方向に振動していると考える．それぞれの振動を調和振動と見なせば，各振動に対しkT分のエネルギーが分配される．1つの原子のエネルギー平均値は，$3kT$となる．1 molの原子からなる結晶の内部エネルギーは，

$$U = N_A \times 3kT = 3RT \quad (4.74)$$

となる．

ここで，一次元空間での運動，三次元空間での運動，一次元調和振動子のエネルギーとその平均について整理してみよう．

一次元運動　$E = Ap_x^2$　→　$\overline{E} = \dfrac{kT}{2}$

三次元運動　$E = Ap_x^2 + Bp_y^2 + Cp_z^2$　→　$\overline{E} = \dfrac{kT}{2} + \dfrac{kT}{2} + \dfrac{kT}{2}$

調和振動子　$E = Ap_x^2 + Bq_x^2$　→　$\overline{E} = \dfrac{kT}{2} + \dfrac{kT}{2}$

E が，運動量の二乗の項 p^2 を含むとき，あるいは，位置座標の二乗の項 q^2 を含むときには，それぞれの項に対応するエネルギーの平均は，すべて $kT/2$ となることがわかる．言い換えれば，温度 T のとき，Ap^2, Bq^2 の形のエネルギー項には，すべて等しく（係数 A, B に関係なく）$kT/2$ のエネルギーが分配されるということを意味している．これを，エネルギー等分配の法則という．一般には，

$$E = \sum_{i=1}^{m} a_i p_i^2 + \sum_{j=1}^{n} b_j p_j^2 \tag{4.75}$$

のときに，

$$\overline{E} = \frac{m}{2}kT + \frac{n}{2}kT = \frac{m+n}{2}kT \tag{4.76}$$

となる．

　同じ原子2つが連結された2原子分子からなる理想気体の内部エネルギーについて考えてみよう．それぞれの原子は質点とみなし，理想気体なので運動エネルギーだけを考える．2つの質点からなる分子の運動エネルギーは，重心の並進運動エネルギーと重心まわりの回転エネルギーとの和である．ここで，分子内部の振動はないものとする．

　重心の並進運動エネルギーについては，単原子分子の運動エネルギーと同じである．分子の回転方向を決めるには，分子の重心を原点とした極座標表示の2つの角度 θ と φ を考える必要がある（図 4.12）．結局，分子の重心まわりの回転モーメントを I とすれば，

$$E(\boldsymbol{p}) = \frac{1}{2m}(p_x^2 + p_y^2 + p_z^2) + \frac{1}{2I}\left(p_\theta^2 + \frac{p_\varphi^2}{\sin^2\theta}\right) \tag{4.77}$$

が得られる．さらに計算を進めればエネルギーの平均値は求まるが，ここで，エネル

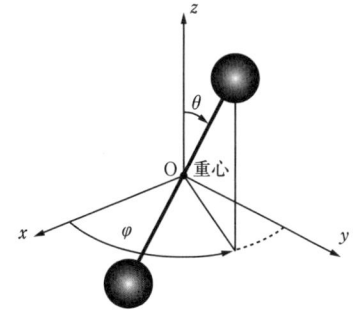

図 4.12　2原子分子

ギー等分配の法則を思いだそう．式 (4.77) には，p^2 に比例する項が5つある．それぞれの項に $kT/2$ のエネルギーが分配されるはずであるから，2原子分子の平均エネルギーは，

$$\bar{E} = \frac{kT}{2} \times 5 = \frac{5}{2}kT \tag{4.78}$$

となる．これは，単原子分子の平均エネルギーよりも kT 分大きい．1 mol の2分子原子理想気体の内部エネルギーは，

$$U = N_A \times \frac{5}{2}kT = \frac{5}{2}RT \tag{4.79}$$

となる．

4.5 量子化されたエネルギー準位でのボルツマン分布

量子力学によれば，エネルギーの大きさは連続的に変化せず，とびとびの値をとって断続的に変化する．とびとびに変化する幅がエネルギーの大きさと比べて十分小さい場合には，エネルギーは連続的に変化すると見なせるが，この前提が成立しない場合（例えば極低温での固体の比熱など）には，エネルギーについて量子論的に考察する必要がある．その場合にも，式 (4.49) と同じく分配関数を $Z = \sum_i g_i e^{-\beta E_i}$ と記述される．なお，量子統計力学では，Z を状態和，g を縮退度と呼ぶこともある*．

2原子分子の振動エネルギーを例に，量子化されたエネルギー準位でのボルツマン分布を考えてみよう．2原子分子の振動エネルギーは，図4.11 に示した振動数 $\nu(\omega=h\nu)$ の調和振動子モデルで定義し，振動の振幅 A を大きくすればそのエネルギーを連続的に大きくできる．しかし，振動エネルギーが量子化されている場合には，$E_0 = \frac{1}{2}h\nu$，$E_1 = \frac{3}{2}h\nu$，$E_2 = \frac{5}{2}h\nu$ と，とびとびの値（エネルギー固有値と呼ばれる）しかとることができない．まとめて記述すれば，

$$E_n = \left(n + \frac{1}{2}\right)h\nu \quad (n = 0, 1, 2 \cdots) \tag{4.80}$$

となる．ここで，n は量子数であり，h はプランク定数（Planck's constant）

---

* 分解関数と状態和を q で表記する教科書もあるが，本章では，q を位置エネルギーの指標に用いるため，分配関数・状態和を Z で表記する方式を採用した．

4.5 量子化されたエネルギー準位でのボルツマン分布

である（表1.4参照）.

各エネルギー準位の縮退度がすべて1の場合，状態和（分配関数）は，

$$Z = e^{-\beta E_0} + e^{-\beta E_1} + e^{-\beta E_2} + \cdots = \sum_{i}^{\infty} e^{-\beta E_i} \tag{4.81}$$

となる．式 (4.80) からわかるように，この例では準位間のエネルギー差 ΔE はすべて等しい．したがって，

$$Z = \sum_{i=0}^{\infty} e^{-\beta E_i} = \sum_{i=0}^{\infty} e^{-\beta \Delta E \times i} = \frac{1}{1-e^{-\beta \Delta E}} \quad \left(\beta = \frac{1}{kT}, \Delta E = h\nu\right) \tag{4.82}$$

と書ける*. j 番目のエネルギー準位にある分子の割合（ある分子が j 番目のエネルギー準位に存在する確率）$f_j = N_j/N$ は，

$$f_j = \frac{e^{-\beta E_j}}{Z} = (1-e^{-\beta \Delta E})e^{-\beta E_j} = (1-e^{-h\nu/kT})e^{-E_j/kT} \tag{4.83}$$

である．したがって，j 番目と $j+1$ 番目のエネルギー準位にある分子数の比は，

$$\frac{N_{j+1}}{N_j} = \frac{f_{j+1}}{f_j} = \frac{e^{-E_{j+1}/kT}}{e^{-E_j/kT}} = e^{-\Delta E/kT} \quad (\Delta E = E_{j+1} - E_j = h\nu) \tag{4.84}$$

となる．隣接する準位間のエネルギー差 ΔE は j にかかわらず一定であるから，隣接準位間の分子数比も一定である．また，式 (4.86) の値は温度が高くなるほど大きくなることから，高温では，高いエネルギー準位にある分子数が増えることがわかる（図4.13）.

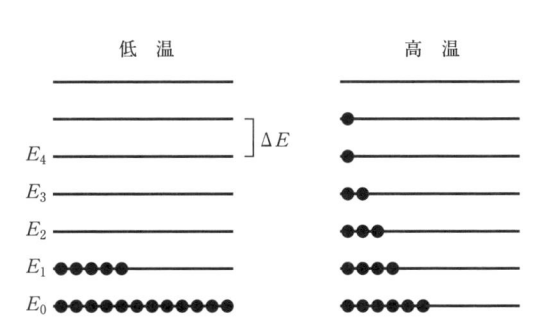

図 4.13　離散したエネルギー準位でのボルツマン分布．高温になると低エネルギー準位にいた分子が熱励起され，エネルギーの高い分子が多くなる．

温度 T での振動エネルギーの平均値は，

$$\overline{E} = \sum_n E_n f_n = \frac{1}{2}h\nu + \frac{h\nu}{e^{\Delta E/kT}-1} = \frac{1}{2}h\nu + \frac{h\nu}{e^{h\nu/kT}-1} \tag{4.85}$$

---

* 無限級数の公式 $\sum_{n=0}^{\infty} e^{-an} = \dfrac{1}{1-e^{-a}}$

である（導出過程は省略する）．$T \to 0\,\mathrm{K}$ の極限で $\overline{E} = \frac{1}{2}h\nu$ となり，分子の振動エネルギーは絶対零度でもゼロにならない．エネルギーが連続に変化する場合には，$\overline{E} = kT$（式 (4.73)）であり，$T \to 0\,\mathrm{K}$ でゼロとなる．

ここでは，分子の振動エネルギーを例にとって説明したが，振動エネルギー以外の場合についても，同じ考え方で解釈を進めればよい．なお，2つのエネルギー準位間（隣接している必要はない）の分子数比を，縮退度 g も含めてより一般的に書けば，

$$\frac{N_j}{N_i} = \frac{g_j\, e^{-E_j/kT}}{g_i\, e^{-E_i/kT}} = \frac{g_j}{g_i} e^{-(E_j - E_i)/kT} \tag{4.86}$$

と表せる．

演 習 問 題

【問 4.1】 気体分子の分布

容器の中で $2N$ 個の気体分子が運動している．1つの分子が容器の右半分あるいは左半分にいる確率は等しく $1/2$ であるとする．

a) 容器の左半分に $N-n$ 個（$N > n > 0$）の分子が，容器の右半分に残りの分子が存在する確率 $P(n)$ を求めよ．

b) $N \gg 1$，$N \gg n$ のときに，

$$P(n) \cong \frac{e^{-n^2/N}}{\sqrt{\pi N}}$$

と近似できることを示せ（スターリングの公式 $\ln N! \cong N \ln N - N + \frac{1}{2} \ln (2\pi N)$ を使い，$t = n/N$ とおいたとき，近似式 $\ln(1 \pm t) \cong \pm t - \frac{1}{2} t^2$（$t \ll 1$）が成立することを利用せよ）．

（解）

a) 右半分にある特定の $N+n$ 個の分子が存在し，残りの $N-n$ 個が左半分に存在する確率は，

$$p = \left(\frac{1}{2}\right)^{N+n} \left(\frac{1}{2}\right)^{N-n} = \left(\frac{1}{2}\right)^{2N}$$

である．$2N$ 個の分子を $N+n, N-n$ に分割する場合の数 W は，

$$W = \frac{(2N)!}{(N+n)!\,(N-n)!}$$

したがって，求める確率 $P(n)$ は，

$$P(n) = \left(\frac{1}{2}\right)^{2N} \frac{(2N)!}{(N+n)!\,(N-n)!}$$

となる．

b) $\ln P(n) = -2N \ln 2 + \ln(2N)! - \ln(N+n)! - \ln(N-n)!$

スターリングの公式より，

$$\ln(2N)! = 2N \ln 2N - 2N + \frac{1}{2}\ln 2N + \frac{1}{2}\ln 2\pi$$

$$\ln(N \pm n)! = (N \pm n)\ln(N \pm n) - (N \pm n) + \frac{1}{2}\ln\{2\pi(N \pm n)\}$$

したがって，

$$-2N \ln 2 + \ln(2N)! = 2N \ln N - 2N + \frac{1}{2}\ln 2N + \frac{1}{2}\ln 2\pi \tag{1}$$

$$-\ln(N+n)! - \ln(N+n)! = -\left(N + \frac{1}{2}\right)\{\ln(N+n) + \ln(N+n)\}$$

$$-n\{\ln(N+n) - \ln(N-n)\} - (N+n) - (N-n) - \frac{1}{2}\ln 2\pi - \frac{1}{2}\ln 2\pi \tag{2}$$

ここで，

$$\ln(N+n) + \ln(N-n) = \ln N\left(1 + \frac{n}{N}\right) + \ln N\left(1 - \frac{n}{N}\right)$$

$t = n/N$ とおけば，

$$\ln(N+n) + \ln(N-n) = 2\ln N + \ln(1+t) + \ln N(1-t)$$

$$\cong 2\ln N + t - \frac{1}{2}t^2 - t - \frac{1}{2}t^2 = 2\ln N - t^2 = 2\ln N - \left(\frac{n}{N}\right)^2 \tag{3}$$

同様に

$$\ln(N+n) - \ln(N-n) = \ln N\left(1 + \frac{n}{N}\right) - \ln N\left(1 - \frac{n}{N}\right) = \ln N - \ln N$$

$$+ \ln(1+t) - \ln N(1-t) \cong t - \frac{1}{2}t^2 - \left(-t - \frac{1}{2}t^2\right) = 2t = 2\left(\frac{n}{N}\right) \tag{4}$$

(3), (4) を (2) に代入し，(1) + (2) を計算すると，

$$\ln P(n) = 2N \ln N + \frac{1}{2}\ln 2N - \left(N+\frac{1}{2}\right)\left\{2\ln N - \left(\frac{n}{N}\right)^2\right\} - \left\{2\left(\frac{n}{N}\right)\right\}$$

$$-\frac{1}{2}\ln 2\pi = -\frac{1}{2}\ln N\pi + \left(N+\frac{1}{2}\right)\left(\frac{n}{N}\right)^2 - 2\frac{n^2}{N}$$

ここで,

$$\left(N+\frac{1}{2}\right)\left(\frac{n}{N}\right)^2 = \left(1+\frac{1}{2N}\right)\frac{n^2}{N} \cong \frac{n^2}{N} \quad \left(\because 1 \gg \frac{1}{2N}\right)$$

結局

$$\ln P(n) = -\frac{1}{2}\ln N\pi - \frac{n^2}{N} \quad \rightarrow \quad P(n) \cong \frac{e^{-n^2/N}}{\sqrt{\pi N}}$$

を得る.

確率 $P(n)$ は,分子の配置が左右 1/2 づつちょうどにはならず,右側に n 個余分に配置されるときの確率(分子配置の揺らぎが n になる確率)を表している.図に,$N=6\times 10^{23}$ の場合,$n=3\times 10^{12}$ までの範囲で図示した.問題では $n>0$ の場合だけを考えたが,実際には左半分の分子数が n 個多くなる(右半分が n 個少なくなる)場合もあり,図に示すように同じ確率で現れる.$n=2\times 10^{12}$ 以上に揺らぎが大きくなる確率はほとんどない.

揺らぎの大きさが n' 以内に収まる確率 P' は,$P(n)$ を $-n' \sim n'$ まで和をとるか,n を連続として積分すればよい.

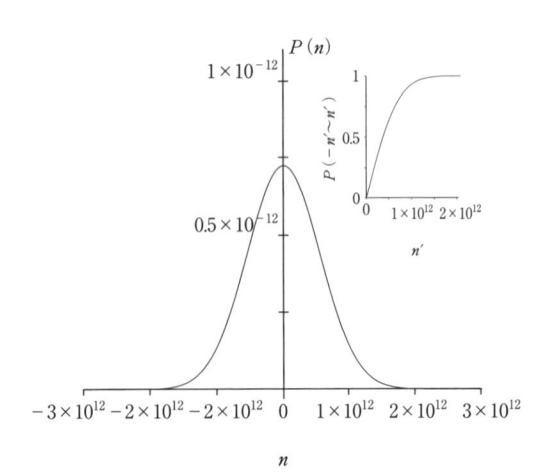

図 分子数揺らぎの分布

$$P' = \sum_{n=-n'}^{n'} P(n) = \frac{1}{\sqrt{\pi N}} \int_{-n'}^{n'} e^{-\frac{n^2}{N}} dn$$

図の右上に積分結果のグラフを示すが，$N=6\times 10^{23}$ では，$n'=2\times 10^{12}$ 以内に収まる確率はほぼ1となることがわかる．10^{12} 個でも相当に大きな数ではあるが，相対的な揺らぎの大きさ n'/N は 1×10^{-11} 以下である．4.2.1 項でも述べたように，分子数が非常に多い場合には，1/2 づつに分割されると考えてかまわないことがわかる．

【問 4.2】 マックスウェル–ボルツマンの速度分布

分子の速さ v が，マクスウェル–ボルツマンの速度分布に従うとき，分子の速さの二乗 v^2 の平均値を求めよ．さらに，その計算結果から，分子の平均運動エネルギーを導け．$\left(\text{積分公式} \int_0^\infty v^4 e^{-ax^2} dx = \frac{3}{8a^2}\sqrt{\frac{\pi}{a}}\right)$

（解）

式（4.44）より

$$\overline{v^2} = \int_0^\infty v^2 f(v) dv = 4\pi \left(\frac{m}{2\pi kT}\right)^{\frac{3}{2}} \int_0^\infty v^4 e^{-\frac{mv^2}{2kT}} dv$$

積分公式を使って計算すれば，

$$\overline{v^2} = \frac{3kT}{m}$$

が得られる．

平均運動エネルギーは，$\frac{1}{2} m \overline{v^2}$ であるから，

$$\overline{E} = \frac{3}{2} kT$$

となる．

【問 4.3】 理想気体の分配関数

分子数 n，体積 V の理想気体の分配関数は，$Z_n = \left(\frac{2\pi m}{\beta h^2}\right)^{\frac{3n}{2}} \left(\frac{V}{n} e\right)^n$ で表される．

a) 体積 V は一定であるとして，理想気体分子 n 個のエネルギーの平均値を求めよ．

b) 気体の圧力 P と分配関数 Z の間には，$P = kT \frac{\partial}{\partial V} \ln Z$ の関係がある．

上記の Z_n より,$P=\dfrac{nkT}{V}$ となることを導け.

(**解**)

a) n 個の分子のエネルギー平均値を $\overline{E_n}$ とする.

$$\overline{E_n}=-\frac{\partial}{\partial \beta}\ln Z_n$$

の関係から導かれる.

$$\ln Z_n=\ln\left(\frac{1}{\beta}\right)^{\frac{3n}{2}}+\ln\left(\frac{2\pi m}{h^2}\right)^{\frac{3n}{2}}+\ln\left(\frac{Ve}{n}\right)^n$$

と変形できるから,

$$\overline{E_n}=-\frac{\partial}{\partial \beta}\left(\frac{3n}{2}\ln\frac{1}{\beta}\right)=\frac{3n}{2\beta}=\frac{3n}{2}kT$$

と求まる.

(分子数が 1 mol の場合,$nkT=N_AkT=RT$ であるから,$\overline{E_{1\,\mathrm{mol}}}=U=\dfrac{3}{2}RT$ となる.)

b) $\ln Z_n$ を V で偏微分する.

$$\ln Z_n=\ln\left\{\left(\frac{1}{\beta}\right)^{\frac{3n}{2}}\left(\frac{2\pi m}{h^2}\right)^{\frac{3n}{2}}\left(\frac{e}{n}\right)^n\right\}+\ln V^n$$

であるから,

$$\frac{\partial}{\partial V}\ln Z_n=\frac{n}{V}$$

となる.したがって,

$$P=\frac{nkT}{V}$$

が得られる.

(分子数が 1 mol の場合,$nkT=N_AkT=RT$ であるから,ボイル-シャルルの法則 $PV=RT$ が導かれる.)

【問 4.4】 量子化されたエネルギー準位でのボルツマン分布

ある分子に E_0 と E_1 の 2 つのエネルギー準位だけが許されているとして,以下の設問に答えよ.

a) それぞれの準位の縮退度がすべて 1,準位間のエネルギー差が ε である

とし，温度 T で準位 0 と準位 1 にある分子数の比 N_1/N_0 を求めよ．

b) 準位 0 のエネルギーが 0 で縮退度が 1，準位 1 のエネルギーが ε で縮退度が 3 であるとする．この系の状態和 Z を求めよ．

(解)

a) 式 (4.86) より，各エネルギー準位のボルツマン因子 $e^{-E_n/kT}$ と縮退度 g_n によって，分子数の比は決まる．縮退度が 1 の場合は，式 (4.84) と同様に，

$$\frac{N_1}{N_0} = \frac{e^{-\frac{E_1}{kT}}}{e^{-\frac{E_0}{kT}}} = e^{-\frac{E_1-E_0}{kT}} = e^{-\frac{\varepsilon}{kT}}$$

となる．

b) 縮退度とボルツマン因子の積を，準位 0, 1 について足し合わせればよい．状態和 Z は，

$$Z = e^{-\frac{E_0}{kT}} + 3e^{-\frac{E_1}{kT}} = e^{-\frac{0}{kT}} + 3e^{-\frac{\varepsilon}{kT}} = 1 + 3e^{-\frac{\varepsilon}{kT}}$$

となる．

5 エネルギー・エンタルピーと熱力学第一法則

5.1 系 と 周 囲

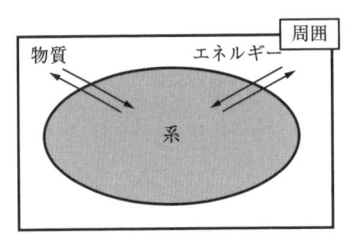

図 5.1 系と周囲の概念

熱力学第一法則はエネルギー保存の法則ともいわれており,ニュートンの法則同様,経験的に確立されているものである.熱力学第一法則を考えるには,「系」と「周囲」という概念が重要である.図 2.3 に示したように,熱力学では,系と周囲の間で仕事,熱,物質の出入りがあるが,仕事と熱をまとめてエネルギーと言い換えると,図 5.1 に表すようになる.物質やエネルギーの出入りの違いにより,大きく 2 つの場合がある.物質の出入りがある系を開放系と呼び,物質の出入りがない系を閉鎖系と呼ぶ.次に,閉鎖系の場合,系と環境の間では,エネルギーの出入りがあるが,エネルギーが系だけでやりとりされる場合を特に孤立系と呼ぶ.また,周囲を熱的周囲(thermal surroundings),力学的周囲(mechanical surroundings)と区別する場合もあるが,それは,系に対して,熱のやりとりをする相手,仕事のやりとりをする相手,と考えればよい.

5.2 エネルギー,熱量,仕事量

エネルギーでまず始めに思い浮かべるものは,走る自動車の運動エネルギー,また,振り子の位置エネルギーと運動エネルギーであろう.エネルギーとは,そもそも,力学のなかである物体が運動できる能力を意味するものであった.物体の速度と質量による運動エネルギー,物体の位置の変化による位置エ

ネルギーだけでなく，電流による電気的エネルギー，系を構成する物質の分子の運動による内部エネルギー，ピストンの移動やモーターの回転による機械的エネルギーなどがあげられる．ここで，内部エネルギーとは，系である物質の温度，圧力に依存して物質が保有するエネルギーである．物質をミクロに考えると，分子や原子から構成されており，その構造に応じて並進エネルギー，回転エネルギー，振動エネルギー，電子エネルギー，分子間エネルギーなどを持つ．これらの総和が物質の内部エネルギーに相当し，温度の上昇に伴う分子運動の活発化によってその値が増大する．

次に，エネルギーとしての熱と仕事を考える．物質を加熱すると温度は上がり，冷却すると温度は下がる．加熱や冷却によって物質の状態は変化し，内部エネルギーも変化する．熱は系である物質の内部エネルギーを変化させることができ，エネルギーの一種である．しかしながら，熱は，系の状態によって一意で決められるものではなく，系の温度が変化したときにのみその量が規定できる，言い換えると，転移状態にあるエネルギーである．仕事についても同様であり，系が周囲に対して膨張すると，系の温度・圧力も変化し，系の内部エネルギーも変化する．このように，仕事も系である物質の内部エネルギーを変化させることができ，エネルギーの一種である．しかしながら，熱と同じく仕事も系の状態によって一意に決められるものではなく，物理的な状態が変化したときにはじめて，その量が規定できる．

【例題 5.1】 1 kg の鉄球を高さ 20 m の所から落下させた．この鉄球の位置エネルギーがすべて熱に変わったとすると，このとき発生する熱量はいくらか．ただし，重力加速度は $9.8\ \mathrm{m\cdot s^{-2}}$ とする．
（**解**）
位置エネルギー＝$1\times 9.8\times 20$＝196 J＝発生する熱量

【例題 5.2】 落差が 50 m の水力によって発電所のタービンを作動させている．いま，位置エネルギーがタービンによって 100 % 電気エネルギーに変換されるとする．100 W の電球を点灯させるのに必要な水量は毎秒どれだけ必要になるか．

(解)

単位時間あたりの位置エネルギー＝単位時間あたりの水流 [kg·s^{-1}]
×50＝100 W＝10.2 kgf·m·s^{-1}，これより 0.2 kg·s^{-1}

5.3 モル熱容量と内部エネルギー変化

エネルギーは多くの場合，相対的に決められることが多い．エネルギーの絶対値を求めるにはどこかを基準にすることが必要であり，例えば，位置エネルギーでは高さ0メートル地点，内部エネルギーでは0℃，などである．熱は，温度差がある際に移動するエネルギーである．いま，一定量のある物質を一定の圧力下，または一定の体積のまま加熱する，もしくは冷却することを考える．熱を加えると温度は上がり，冷却すると温度は下がるが，いま，n mol の物質を温度 dT だけ変化させるときの熱量が dQ だとすると，

$$dQ = nC_x dT$$

という関係が成立する．ここで，C_x は物質，および加熱する状況によって変化する1 mol あたりの比例定数である．この比例定数は，圧力が一定の変化（定圧変化），もしくは体積が一定の変化（定容変化，もしくは定積変化）によって変わる比例定数である．定圧変化の場合には C_p，定容過程の場合には C_v とそれぞれ表される．これらをそれぞれ定圧モル熱容量，定容モル熱容量と呼び，単位は JK^{-1} mol^{-1} である．

上の式，$dQ=nC_x dT$ を温度 T_1 から T_2 まで積分すると，

$$Q = n\int_{T_1}^{T_2} C_x dT$$

になるが，このモル熱容量は，表 5.1 に示すように物質の種類によって異なり，また，同じ物質であっても温度によって変化する．モル熱容量は単原子分子，多原子分子さらには分子の構造などにより異なる．ある狭い温度範囲で C_x が一定であると仮定すると，積分，

$$Q = n\int_{T_1}^{T_2} C_x dT$$

は，

$$Q = nC_x(T_2 - T_1)$$

で表される．温度範囲が広い場合には，次式で表される平均のモル熱容量を考

5.3 モル熱容量と内部エネルギー変化

える場合もある(この場合の上線 ¯ は平均を示す).

$$\overline{C_x} = \frac{\int_{T_1}^{T_2} C_x dT}{T_2 - T_1}$$

実際のモル熱容量の温度変化は,表5.2で示されるような温度の関数で与えられることが多い.

次に,物質のモル熱容量と内部エネルギー変化との関係を考える.いま,ある液体の1 mol のモル熱容量を C_L とし,温度によらず一定とする.温度 T_0 での内部エネルギー U_0 と温度 T での内部エネルギー U の差 $\Delta U (= U - U_0)$ は,次式で与えられる.

$$\Delta U = U - U_0 = C_L (T - T_0)$$

表5.1 代表的な気体のモル熱容量

気体	温度/℃	C_p/JK^{-1}mol^{-1}	C_v/JK^{-1}mol^{-1}
He	25	20.79	12.47
Ar	25	20.79	12.47
H$_2$	25	28.84	20.54
N$_2$	25	29.12	20.71
O$_2$	25	29.36	21.13
Cl$_2$	25	33.95	25.69
CO	25	29.14	20.79
H$_2$O	400	33.40	24.93
CO$_2$	25	37.13	28.95
NH$_3$	25	35.1	27.5
CH$_4$	25	35.7	27.6

表5.2 定圧モル熱容量の温度依存性
$C_p = a + bT + cT^{-2}$

物質	a/10^1 JK^{-1}mol^{-1}	b/10^{-3} JK^{-2}mol^{-1}	c/10^5 JK mol^{-1}	温度範囲 K
C(s, graphite)	1.69	4.77	-8.53	298~2500
H$_2$(g)	2.73	3.3	0.50	298~3000
N$_2$(g)	2.79	4.27	—	298~2500
O$_2$(g)	3.00	4.18	-1.7	298~3000
Cl$_2$(g)	3.70	0.67	-2.8	298~3000
CO(g)	2.84	4.1	-0.46	298~2500
H$_2$O(g)	3.05	10.3	—	298~2750
CO$_2$(g)	4.42	8.79	-8.62	298~2500
NH$_3$(g)	2.97	25.1	-1.5	298~2000
CH$_4$(g)	2.36	60.2	-1.9	298~1500
C$_2$H$_2$(g)	5.08	16.1	-10.3	298~2000

原田義也:化学熱力学, p.48, 表2.2, 裳華房より

それでは，液体が蒸発する場合を考える．液体の沸点と蒸発熱をそれぞれ T_b，Q_{vap} とおく，また，蒸気のモル熱容量を C_G とすると，温度 T の気体の内部エネルギー U と U_0 の差 $\Delta U (=U-U_0)$ は次式で与えられる．

$$\Delta U = U - U_0 = C_L(T_b - T_0) + Q_{vap} + C_G(T - T_b)$$

固体，液体，気体と変化する場合でも同様に計算することができる．このように，内部エネルギーはある基準状態における値からの差として，各状態でのモル熱容量と相変化の際の潜熱から計算できる．

【例題5.3】 窒素ガス 5 mol を，300 K から 450 K まで加熱した，このときに要した熱量を求めよ．ただし，加熱は大気圧下で行われるとし，窒素ガスの定圧モル熱容量は表5.2の値を用いよ．

（解）

$$Q = 5\int_{300}^{450} C_p dT = 5\int_{300}^{450}(27.9 + 4.27 \times 10^{-3}T)dT$$
$$= 5\left\{27.9(450-300) + \frac{4.27}{2} \times 10^{-3}(450^2 - 300^2)\right\} = 22.1 \text{ kJ}$$

5.4 熱力学第一法則

熱力学の第一法則（The first law of thermodynamics）とは，エネルギー保存の法則ともいわれ，経験的に得られた自然法則の1つである．すでに学んだ内部エネルギーという概念を用いることで，熱力学の第一法則は自然現象全般について考えることができるようになる．この法則は，いくつかのいい方があるが，代表的なものは，「系と周囲の間でエネルギーのやりとりがなされたとき，系のエネルギーと周囲のエネルギーの総和は一定である」，「いかなる変化であっても，各形態のエネルギーは相互に変換されるだけでエネルギーが発生したり消滅したりすることはない」，「ある状態が変化するその前後でエネルギーの総和は一定に保たれる」などである．

熱力学の第一法則を数学的に取り扱うと，次のように表現できる．

$$Q + W = \Delta U + \Delta E_K + \Delta E_P$$

ここで，Q, W, ΔU, ΔE_K, ΔE_P はそれぞれ，系に与えられた熱，系に与えられた仕事，系の内部エネルギー変化，系の運動エネルギー変化，系の位置エネルギー変化である．

ある状態から別の状態に系を変化させる場合に，熱のみ，仕事のみ，あるいは熱と仕事の両方を用いることができる．有名な例に，Joule の実験がある．Joule は，図 5.2 に示すように，あるおもりの重力仕事によって回転する羽根車を断熱された水中におき，おもりの落下距離と静止後の水温上昇との関係を調べた．ここから得られた値が熱の仕事等量である．ジュールの実験はおもりの位置エネルギーが羽根車の仕事となり，その仕事によって水の内部エネルギーが増加したことを示している．このようにして，仕事と水の内部エネルギーの増加（熱量）とを結びつけることができる．現在では，熱の仕事等量は $4.186\,\mathrm{J\cdot cal^{-1}}$ という値が用いられている．

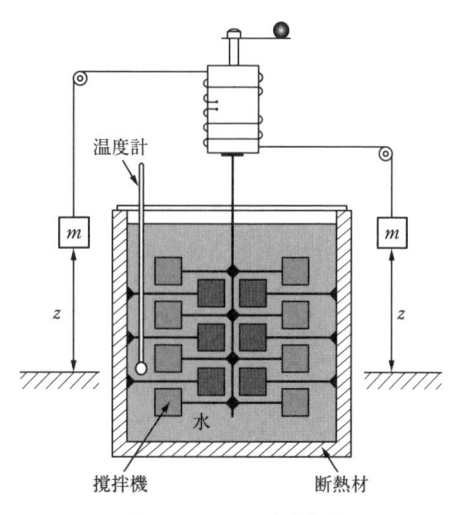

図 5.2 Joule の実験装置

いま，内部エネルギーが系の状態変化によって変化するとし．系の状態を圧力 P と温度 T で規定する．周囲から加えられる微小仕事 dW，微小熱量 dQ，によって微小な内部エネルギー変化 dU がもたらされると考えると，$dQ+dW=dU$ が成立する．この式に基づき，状態 1 から 2 まで変化させ，再び状態 1 に戻る過程を考えると，一連の状態変化の間の総熱量，総仕事量，総内部エネルギー変化について，

$$\oint dQ + \oint dW = \oint dU$$

が成立する．ここで，状態がもとに戻っているので，

$$\oint dQ + \oint dW = 0$$

が成立しなければならない．別の書き方をすると，

【例題5.4】 図5.2に示すJouleの実験装置で，熱量計に100gの水を入れた．羽根車につけた10kgのおもり2つを0.5m下げたとき，水の温度が0.2℃上昇した．容器の熱容量を17 cal·℃$^{-1}$とするとき，熱の仕事等量を求めよ．ただし，容器は断熱されており，おもりのエネルギーはすべて水と容器の温度上昇に用いられるとする．

(**解**)

おもりがした仕事＝$2 \times 10 \times 9.8 \times 0.5$ J

水の熱容量：100 cal·℃$^{-1}$、容器の熱容量：17 cal·℃$^{-1}$から、

熱量の増加＝$(100+17) \times \Delta t = 23.4$，よって，

熱の仕事等量＝$\dfrac{98}{23.4} = 4.19$ J·cal^{-1}

$$\oint dQ = -\oint dW$$

が成立する．これは，状態が元に戻るときには，系が受け取った総熱量と系が失った（周囲に対してした）仕事量の総和が等しいことを意味している．このことは，内部エネルギーが状態量であることを意味しており，内部エネルギーは，ある状態変化の終点と始点に依存し，その経路には依存しないことを示す．

また，ピストンのついた容器に入った気体を考える．いま，外部から圧力Pを加えてピストンをdzだけ移動させて気体を圧縮する．このとき，ピストンに働く力Fは，ピストンの面積をSとすると，

$$F = P \times S$$

で与えられる．よって，外部からピストンに加えられる仕事は，

$$W = F \times dz = P \times S \times dz$$

となる．$S \times dz$は体積変化量dVに相当する．ここでは，圧縮なので，dVは負であり，変化量は$-dV$で与えられるので，ピストンに加えられる仕事は，

$$W = P \times (-dV) = -PdV$$

となる．このように，系が圧縮されるとき（$-dV$が正）ではピストンは仕事を外部（周囲）からされることになる．その逆に，系が膨張するとき（$-dV$

が負）にはピストンは外部に対して仕事をすることになる．外部の圧力 P のもとで，系の体積が V_1 から V_2 まで変化するとき，系が周囲からされる仕事 W（系のエネルギーの増加）は，体積を V_1 から V_2 まで積分した，

$$W = -\int_{V_1}^{V_2} P dV$$

となる．ここでは，圧力が一定で熱のやりとりがない場合で考えたが，次に，熱力学の第一法則 $Q+W=\Delta U$ にもとづき熱も考慮する．次の二式

$$W = P \times (-dV) = -PdV$$
$$Q + W = \Delta U$$

を組み合わせると，

$$Q - PdV = \Delta U$$

という式が得られる．ここで，この式を変形すると，

$$Q = \Delta U + PdV$$

という形が得られる．左辺は熱量，右辺は内部エネルギーと仕事に対応する．このように，熱量と内部エネルギー，仕事とを結びつける概念として，エンタルピー（enthalpy）

$$H = U + PV$$

を導入する．

5.5 エンタルピー

5.5.1 エンタルピーの定義

内部エネルギー U，圧力 P，体積 V が状態量であることからわかるように，エンタルピーも状態量である．そのため，系の平衡状態によってその値を決定することができる．定圧下で物質を加熱すると，図5.3（a）に示すように物質の温度上昇とともに物質が膨張する．このことは，定圧下での加熱は，物質の内部エネルギーの増加だけでなく，系の膨張のためのエネルギーとして使用されていることがわかる．熱力学の第一法則から得られる式，

$$Q = \Delta U - W = \Delta U + PdV$$

からも数学的に理解することができる．ここで，エンタルピーの定義式（$H=U+PV$）からエンタルピーの微小変化量を考えると，

$$d(H) = d(U+PV) = dU + PdV + VdP$$

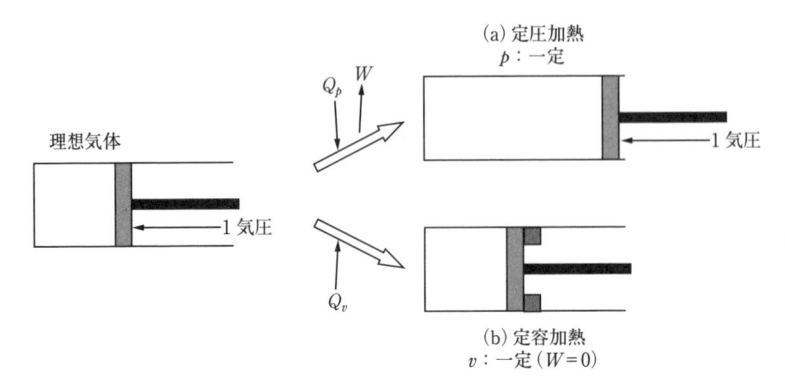

図5.3 理想気体の定圧加熱（a）と定容（定積）加熱（b）

であるが，定圧では $dP=0$ であるから，
$$dH = dU + PdV = dQ$$
が成り立つ．定圧下でやりとりされる熱量は，エンタルピーと等しいことがわかる．

エンタルピーという概念の導入により，圧力一定での加熱が理解できる．次に，物理変化（相変化）や化学反応を伴う場合を考える．定圧下での物質の加熱だけでなく，液体から蒸気への相変化，化学変化もエンタルピー変化を考えることで熱量を求めることができる．

次に，定容変化を考える．図5.3（b）に示す定容変化の加熱の場合には，体積変化がないので，仕事はゼロになる．すなわち，
$$dU = dQ$$
が成り立つ．図に示すように，定容状態で加熱を行うと，加熱量は容器中の物質の内部エネルギー増加になる．また，定容下で化学反応が進む場合には，生成物・原料が持つ内部エネルギーの差として物質が蓄えることになる．

ここで，定圧変化，定容変化に対して，熱容量との関係をまとめてみる．定圧変化については，
$$dH = dU + PdV = dQ$$
が成り立つので，
$$C_p = \left(\frac{dQ}{dT}\right)_P = \left(\frac{dH}{dT}\right)_P$$

となり，定容変化については，
$$dU = dQ$$
が成り立つので，
$$C_v = \left(\frac{dQ}{dT}\right)_V = \left(\frac{dU}{dT}\right)_V$$
となる．この関係式は，圧力が一定でエンタルピーを温度で微分すれば C_p，体積一定で内部エネルギーを温度で微分すれば C_v が得られることを示している．この関係式を積分で表した式
$$\Delta H_{T_2} = \Delta H_{T_1} + \int_{T_1}^{T_2} C_p dT$$
をキルヒホッフの関係式（Kirchhoff equation）という．

5.5.2 標準エンタルピー変化

エンタルピーは内部エネルギーなどと同様にエネルギーの一種である．エンタルピーはまた，内部エネルギー同様，絶対値ではない．ある状態間でのエンタルピーの差を考えよう．たとえば，1気圧，100℃（373.15 K）における水蒸気のエンタルピーと水のエンタルピーとの差は蒸発熱に相当する．このように，エンタルピーはある特定の状態の値を任意に定め，そこから，ある状態までの定圧変化のエンタルピー変化を計算することで，その物質のすべての状態のエンタルピーを規定することができる．

たとえば，300 K から 450 K における 1 mol の窒素のエンタルピー変化を求めてみよう．ただし，表 5.2 に示されるように，窒素の定圧モル熱容量が
$$C_p [\mathrm{J/mol}] = 27.9 + 4.27 \times 10^{-3} T\,[\mathrm{K}]$$
という関係で表されるとする．このとき，エンタルピー変化は
$$\Delta H = \int_{300}^{450} C_p dT = \int_{300}^{450} (27.9 + 4.27 \times 10^{-3} T) dT$$
という式で得ることができる（例題 5.3 参照）．このように，固体，液体，気体の温度変化に対応する定圧モル熱容量の温度依存性からエンタルピーを求めることができる．また，内部エネルギーは
$$\Delta U = \int_{300}^{450} C_v dT = \int_{300}^{450} (C_p - R) dT = \int_{300}^{450} (19.59 + 4.27 \times 10^{-3} T) dT$$
で求めることができる．ここでは，$R = 8.31$ を用いた．また，$C_p - C_v = R$，$C_p - C_v = nR$ の関係はマイヤーの式と呼ばれる（問 5.2 参照）．

一方,固体,液体,気体と相変化が起こる場合を水を例にして考えてみよう. 1 気圧のもとで氷を加熱すると 0℃ (273.15 K) で氷は溶解して水になる. また,液体の水は 1 気圧, 100℃ (373.15 K) で蒸発して水蒸気になる. 水の融点 (0℃), 沸点 (100℃) の間,物質の温度は一定であり,相変化が進む間,物質 (ここでは水) に加えられるエネルギーはすべて相変化のために用いられる. 一定圧力のもとで,融解熱は液体の持つエンタルピーと固体の持つエンタルピーの差, また,蒸発熱は気体の持つエンタルピーと液体の持つエンタルピーの差に相当する. 昇華の場合も同様に考えればよい. ここで論じたことを一般化して考えてみると, ある物質 (温度 T_0 で固体とする) のエンタルピーについて,次のような式が成立する.

$$H_{(T)} = H_{(0)} + \int C_{p固体} dT + Q_\text{melt} + \int C_{p液体} dT + Q_\text{vap} + \int C_{p気体} dT$$

ここで, $H_{(T)}$ は温度 T, $H_{(0)}$ は温度 T_0 でのエンタルピー, $C_{p固体}$, $C_{p液体}$, $C_{p気体}$ はそれぞれ, ある物質の固体, 液体, 気体での定圧モル熱容量, Q_melt ($= \Delta H_\text{melt}$), Q_vab ($= \Delta H_\text{vap}$) はそれぞれ, ある物質の融解熱, 蒸発熱である. この式を用いることで, ある基準状態におけるエンタルピーを具体的に求めることができる. しかし, どこに基準をおくのだろうか, そこで, 標準生成エンタルピー (standard enthalpy change of formation) という概念が必要になる.

5.5.3 反応熱とエンタルピー変化

次の化学反応式,

$$a\text{A} + b\text{B} \to c\text{C} + d\text{D}$$

を考える. A, B はそれぞれ原料物質, C, D はそれぞれ生成物質, a, b, c, d はそれぞれ物質 A, B, C, D の量論係数である. 一般には, 同一の状態でも, それぞれの物質が持つエネルギーは異なっている. 前述の反応が定容で進行した場合には, 熱力学の第一法則により, 熱量

$$Q = \Delta U$$

が成り立つ. このときの反応熱は内部エネルギー変化に相当する. すなわち,

$$\Delta U = (cU_\text{C} + dU_\text{D}) - (aU_\text{A} + bU_\text{B})$$

で与えられることになる.

前述の反応が, 定圧で進行した場合には, 熱力学の第一法則により, 熱量

$$Q = \Delta H$$

が成り立つ．このときの反応熱はエンタルピー変化に相当する．すなわち，

$$\Delta H = (cH_C + dH_D) - (aH_A + bH_B)$$

で与えられることになる．

定容変化では，「生成物の内部エネルギーの総和」と「原料物質の内部エネルギーの総和」の差が反応に伴って放出，または，吸収される熱量に対応する．

「生成物の内部エネルギーの総和」<「原料物質の内部エネルギーの総和」であれば発熱反応であり，

「生成物の内部エネルギーの総和」>「原料物質の内部エネルギーの総和」であれば吸熱反応である．

定圧変化では，「生成物のエンタルピーの総和」と「原料物質のエンタルピーの総和」の差が反応に伴って放出，または，吸収される熱量に対応する．

「生成物のエンタルピーの総和」<「原料物質のエンタルピーの総和」であれば発熱反応であり，

「生成物のエンタルピーの総和」>「原料物質のエンタルピーの総和」であれば吸熱反応である．

ある状態での個々の物質が持つ内部エネルギー，エンタルピーが明確でないと，反応熱は計算できない．そのため，物質の状態（固体，液体，気体）という情報が不可欠である．多くは各物質の状態を固体であれば（s），液体であれば（l），気体であれば（g）のように記載する

具体例を考えてみる．例えば，101.3 kPa，25 ℃（298.15 K）で水素と酸素から気体の水，液体の水が生成する反応は発熱反応であり，それぞれ，241.83 kJ，285.84 kJ の熱量を発生する．これを化学反応式と熱量とを組み合わせた式で示すと，

$$H_2(g) + \frac{1}{2}O_2(g) \rightarrow H_2O(g) + 241.83 \text{ kJ}$$

$$H_2(g) + \frac{1}{2}O_2(g) \rightarrow H_2O(l) + 285.84 \text{ kJ}$$

と表現できる．この反応式を熱化学方程式という．この式をエンタルピーで書き表すと，

表5.3 標準反応熱

物 質	ΔH_f°/kJ mol^{-1}	物 質	ΔH_f°/kJ mol^{-1}
CCl$_4$	-135.4	エタン	-84.68
CO	-110.5	エチルエーテル	-252.2
CO$_2$	-393.5	エチレン	52.30
H$_2$O(g)	-241.83	ギ酸	-424.8
NH$_3$	-45.90	クロロホルム	-132.2
NH$_4$Cl	-314.6	酢酸	-484.1
NO	90.25	トルエン	12.01
NO$_2$	33.18	フェノール(C$_6$H$_5$OH)	-162.8
NaCl	-411.12	プロパン	-103.8
SO$_2$	-296.8	プロピレン	20.42
アセチレン	226.73	ベンゼン	82.927
アセトン	-248.1	メタン	-74.85
エタノール	-277.0		

渡辺　啓：演習化学熱力学（改訂版），p.17，表2.4，サイエンス社より

$$\Delta H = (H_{H_2O(g)}) - \left(H_{H_2(g)} + \frac{1}{2}H_{O_2(g)}\right) = -241.83 \text{ kJ}$$

$$\Delta H = (H_{H_2O(l)}) - \left(H_{H_2(g)} + \frac{1}{2}H_{O_2(g)}\right) = -285.84 \text{ kJ}$$

となる．この式は，101.3 kPa，298.15 K における反応熱ということで，特に，標準反応熱（ΔH_f°，一例を表5.3に示す）と呼び，25℃の値をよく用いるため$\Delta H^\circ{}_{298}$と記載することが多い．右上の°は大気圧であることを示し，右下の 298 は温度を意味している．

　このような標準状態における反応熱を標準生成エンタルピーという．標準生成エンタルピーは，先ほどの計算のような任意の状態におけるエンタルピーを算出する際の基準となる値であり，この標準生成エンタルピーを定義することにより，計算や考察が非常に簡単になる．一般には，101.3 kPa（標準大気圧），25℃において安定な状態にある元素のエンタルピーを0とする．この標準生成エンタルピーという概念をもとにして，化学反応に伴うエンタルピー変化を考える．

　標準生成エンタルピーの定義では，101.3 kPa（標準大気圧），25℃において安定な状態にある元素のエンタルピーが0であるので，次式のなかにある式 $H_{H_2(g)}$，$H_{O_2(g)}$ はそれぞれ0である．

$$\Delta H = (H_{H_2O(g)}) - \left(H_{H_2(g)} + \frac{1}{2}H_{O_2(g)}\right) = -241.83 \text{ kJ}$$

$$\Delta H = (H_{\mathrm{H_2O(l)}}) - \left(H_{\mathrm{H_2(g)}} + \frac{1}{2}H_{\mathrm{O_2(g)}}\right) = -285.84 \text{ kJ}$$

そのため,$H_{\mathrm{H_2O(g)}}$ は -241.83 kJ,$H_{\mathrm{H_2O(l)}}$ は -285.84 kJ となる.このように,反応熱をもとにして,ある化合物の標準生成エンタルピーを求めることができるのである.このような手順で多くの化合物の標準生成エンタルピーを求めることができる.また,元素から化合物 1 mol を生成する化学反応の反応熱である生成熱(特に,標準大気圧,25 ℃ の場合の標準生成熱)や標準大気圧,25 ℃ の場合における燃焼熱からも化合物の標準生成エンタルピーを求めることができる.

【例題 5.5】 表 5.3 の値を用いて,次の化学式の標準反応熱を求めよ.

$$2\,\mathrm{NH_3} + \frac{7}{2}\mathrm{O_2} = 2\,\mathrm{NO_2} + 3\,\mathrm{H_2O(g)}$$

(解)

$$\Delta H = 2 \times (33.18) + 3 \times (-241.83) - 2 \times (-45.90)$$
$$= 66.36 - 725.49 + 91.80 = -567.33 \text{ kJ}$$

5.5.4 ヘスの法則

ここまでで考えた化学反応式における反応熱を考えるとき,熱力学の第一法則は当然成立している.化学反応を系と考えた場合,系と周囲との間でエネルギーのやりとりはなされているが,系のエネルギーと周囲のエネルギーの総和は一定である.そのために,既知の反応式と標準生成エンタルピーの値から自由に加減乗除して計算できることになる.いま,具体的に,CH_4,CO_2,$H_2O(g)$ の標準生成エンタルピーがそれぞれ,-74.85 kJ mol^{-1},-393.5 kJ mol^{-1},-241.83 kJ mol^{-1} であるとき,図 5.4 中に示すような,3 つの反応式が得られる.これらの式を加減乗除することで,

$$CH_4 + 2\,O_2 \rightarrow CO_2 + 2\,H_2O \quad \Delta H = -802.32 \text{ kJ mol}^{-1}$$

という反応熱が得られる.このように間接的に,反応にともなう内部エネルギーやエンタルピー変化を求める手法はヘスの総熱量保存の法則(Hess's law of

$$CH_4 \rightarrow C + 2H_2 \quad \Delta H_1 = 74.85 \text{kJ mol}^{-1}$$
$$C + O_2 \rightarrow CO_2 \quad \Delta H_2 = -393.51 \text{kJ mol}^{-1}$$
$$+)\ 2H_2 + O_2 \rightarrow 2H_2O \quad \Delta H_3 = \underline{(2)} \times (-241.83) \text{ kJ mol}^{-1}$$
$$\overline{CH_4 + 2O_2 \rightarrow CO_2 + 2H_2O \quad \Delta H = -802.32 \text{kJ mol}^{-1}}$$
負なので発熱反応

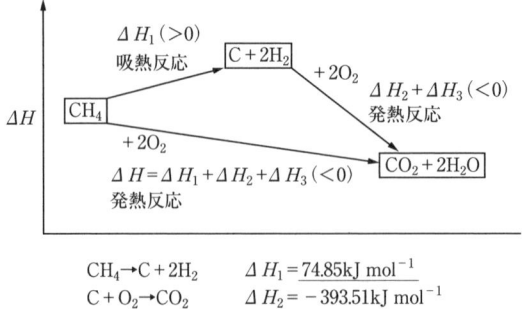

図 5.4 ヘスの総熱量保存の法則

表 5.4 原子化熱 (kJ mol^{-1})

C(黒鉛)	715.0
H(g)	217.9
N(g)	472.4
O(g)	249.1
Cl(g)	121.1

heat summation) として知られている.

また，このような熱化学反応式には，分子の解離反応式なども含まれる．単体を解離して原子を生成させるときの反応熱を原子化熱といい，表 5.4 に示す．この原子化熱と標準反応熱とを組み合わせると標準状態で原子から分子などを生成するときの反応熱を求めることができる．また，原子化熱や簡単な分子の標準反応熱からある結合が持つ結合エネルギーを求めることができる．たとえば，次の (1)～(3) 式を用いてメタン分子中の C-H 結合解離エネルギーを求める．

$$H_2(g) = 2H(g) - 435.8 \text{ kJ} \tag{1}$$
$$C(s) = C(g) - 715.0 \text{ kJ} \tag{2}$$
$$C(s) + 2H_2(g) = CH_4(g) + 74.85 \text{ kJ} \tag{3}$$

メタンの C-H 結合解離エネルギーを，Q(C-H) [kJ mol^{-1}] とおくと次式になる.

$$CH_4(g) = C(g) + 4H(g) - 4Q(\text{C-H}) \text{ [kJ]} \tag{4}$$

式 (1)～(3) をもとにして式 (5) を得て，式 (4) と比較すると，

$$CH_4(g) = C(g) + 4H(g) - 1661.5 \text{ kJ} \tag{5}$$

$-4Q$(C-H)$= -1661.5$ から Q(C-H) が 415.4 kJ と得られる.
この熱量は，結合 1 モルあたりの結合エネルギーに相当する.

5.5.5 反応熱の温度依存性

エンタルピーは状態量であるので,その経路には依存しない.そのため,物質が決まり,温度と圧力が決まれば,任意の温度・圧力でのエンタルピーの値を決めることができる.そこで,いま,

$$H_2(g) + \frac{1}{2}O_2(g) \rightarrow H_2O(g) + 241.83 \text{ kJ}$$

の化学式をもとにして,標準状態の温度(T_0)での反応熱(標準生成エンタルピー)から任意の温度 T での反応熱を求めることを考える.いま,温度 T_0 の反応熱 $\Delta H_{(T_0)}$ は既知であるので,その値を用いて,任意の温度 T での反応熱 $\Delta H_{(T)}$ を求める.図5.5に示すような反応経路を考えると,

$$\Delta H_{(T)} = \int_T^{T_0} C_{p,\text{Reactant}} dT + \Delta H_{(T_0)} + \int_{T_0}^T C_{p,\text{Product}} dT$$

が成立することがわかる.右辺第1項は原料物質である水素と酸素のエンタルピーの温度依存性から計算できる積分値になる.右辺第2項は標準生成エンタルピー,右辺第3項は生成物である気体の水のエンタルピーの温度依存性から計算できる積分値である.この3項をそれぞれ計算することで,任意の温度における反応熱が計算できるのである.

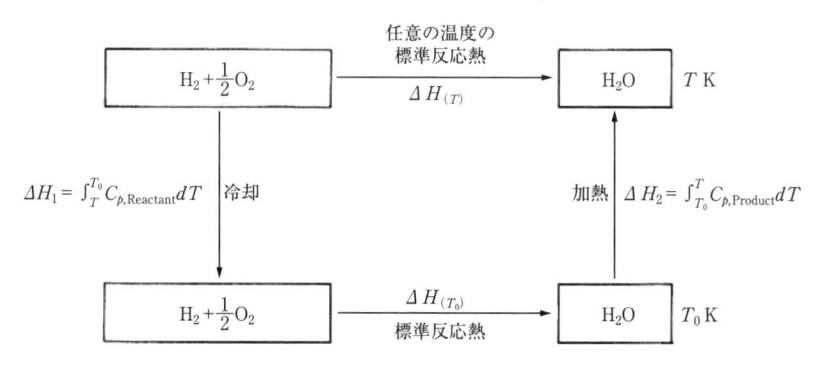

$C_{p,\text{Reactant}}$:原料物質のモル熱容量
$C_{p,\text{Product}}$:生成物のモル熱容量
$\Delta H_{(T_0)}$:温度 T_0 での反応熱

図5.5 任意の温度での標準反応熱の計算手順

【例題 5.6】 アンモニアの標準反応熱は $-45.9\,\text{kJ mol}^{-1}$ である。表 5.2 を用いて，500 K における標準反応熱を求めよ．

（解）
下図をもとに考える．

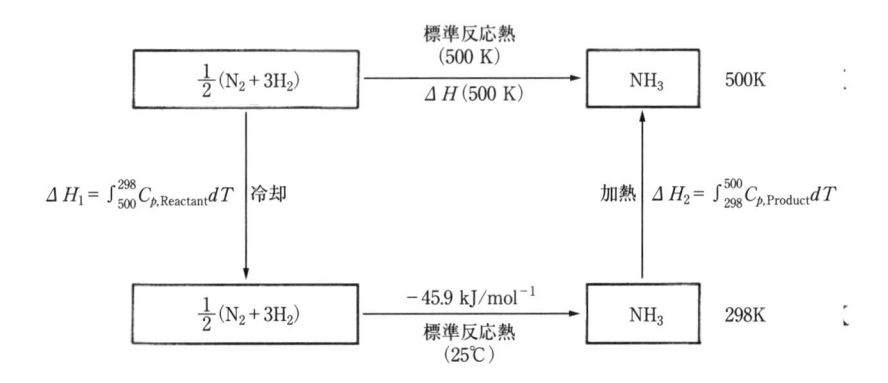

```
                    標準反応熱
                     (500 K)
  ┌─────────┐   ΔH(500 K)    ┌─────┐
  │½(N₂+3H₂)│ ─────────────→ │ NH₃ │  500K
  └─────────┘                 └─────┘
       │                          ↑
  ΔH₁=∫₅₀₀²⁹⁸ C_{p,Reactant}dT  冷却    加熱  ΔH₂=∫₂₉₈⁵⁰⁰ C_{p,Product}dT
       ↓                          │
  ┌─────────┐   -45.9 kJ/mol⁻¹  ┌─────┐
  │½(N₂+3H₂)│ ─────────────→   │ NH₃ │  298K
  └─────────┘    標準反応熱       └─────┘
                   (25℃)
```

$$\Delta H_1 = \frac{1}{2}\int_{500}^{298}(C_p(\text{N}_2)+3C_p(\text{H}_2))\,dT$$

$$=\frac{1}{2}\int_{500}^{298}(27.9+4.27\times 10^{-3}T+3(27.3+3.3\times 10^{-3}\,T+0.50\times 10^5\,T^{-2}))\,dT$$

$$=\frac{1}{2}\int_{500}^{298}(109.8+14.17\times 10^{-3}\,T+1.5\times 10^{-5}\,T^{-2})dT$$

$$=\frac{1}{2}\left\{109.8(298-500)+\frac{14.17}{2}\times 10^{-3}(298^2-500^2)-1.5\times 10^5(298^{-1}-500^{-1})\right\}$$

$$=-11.78\,\text{kJ}$$

$$\Delta H_2 = \int_{298}^{500} C_p(\text{NH}_3)\,dT = \int_{298}^{500}(29.7+25.1\times 10^{-3}\,T-1.5\times 10^5\,T^{-2})\,dT$$

$$=29.7(500-298)+\frac{25.1}{2}\times 10^{-3}(500^2-298^2)+1.5\times 10^5(500^{-1}-298^{-1})$$

$$=7.82\,\text{kJ}$$

$$\Delta H(500\,\text{K})=\Delta H_1-45.9+\Delta H_2=-11.78-45.9+7.82=-49.9\,\text{kJ}$$

5.5.6 定常流れ系のエネルギー保存の法則

流れ系とは，図5.6に示すような，物質の出入りのある開いた系であり，一般に，単位時間に系に出入りする質量が等しく，系内の各位置で，物質の状態が変化しない場合を定常流れ系という．いま，系内を流れる単位時間あたりの流体の質量を m[kg] とすると，流体は，以下のエネルギーを持つ．

内部エネルギー：U

位置エネルギー：mgh　（h は高さ）

運動エネルギー：$mv^2/2$　（v は流速）

流れ仕事：PV

(**注**：流れ仕事＝(圧力 × 断面積 ＝PS)×(流体の移動距離＝V/S)

また，ポンプなどで加えられる仕事やタービンの回転として得られる仕事を W，熱交換機などで周囲から加えられる熱量を Q とおく．

この場合，

　(周囲から系に加えられたエネルギー) ＝

　(系の出口で流体が所有するエネルギー)－(系の入り口で流体が所有しているエネルギー)

というエネルギー保存が成立する．この関係を数式で表すと，

　系の出口（2）で流体が所有するエネルギー － 系の入口（1）で流体が所有するエネルギー

$$= \left(U_2 + mgh_2 + m\frac{v_2^2}{2} + P_2V_2\right) - \left(U_1 + mgh_1 + m\frac{v_1^2}{2} + P_1V_1\right)$$

$$= (U_2 - U_1) + (mgh_2 - mgh_1) + \left(m\frac{v_2^2}{2} - m\frac{v_1^2}{2}\right) + (P_2V_2 - P_1V_1)$$

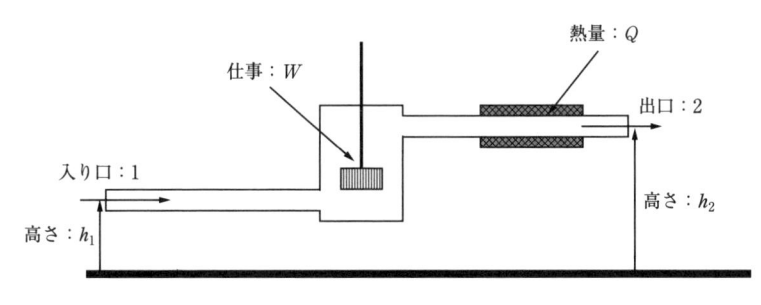

図5.6　定常流れ系

よって,

$$Q+W=(U_2-U_1)+(P_2V_2-P_1V_1)+(mgh_2-mgh_1)+\left(m\frac{v_2^2}{2}+m\frac{v_1^2}{2}\right)$$

$$=\{(U_2+P_2V_2)-(U_1-P_1V_1)\}+(mgh_2-mgh_1)+\left(m\frac{v_2^2}{2}-m\frac{v_1^2}{2}\right)$$

$$=(H_2-H_1)+(mgh_2-mgh_1)+\left(m\frac{v_2^2}{2}-m\frac{v_1^2}{2}\right)$$

$$=\Delta H+\Delta E_P+\Delta E_K$$

右辺の位置エネルギー,運動エネルギーの値は一般にエンタルピー変化と比較して非常に小さく,無視されることも多い.これは,実際の産業界での生産現場においても熱力学が応用される例であり,エネルギー保存,エンタルピーが非常に重要であることを意味している.

演 習 問 題

【問 5.1】 エネルギー保存,熱容量

20℃の水 100 g が入った断熱容器に 350℃に加熱した 10 g の金属球を入れたところ,水温は 25℃になった.この金属の 1 g あたりの熱容量を求めなさい.

(解)

金属の熱容量を C [J g^{-1}] とおくと,水の熱容量は 4.184 J g^{-1}であるから,エネルギー保存より,$4.184\times(25-20)\times100=C\times(350-25)\times10$ が得られ,$C=0.64$ J g^{-1}が得られる.

【問 5.2】 熱容量,マイヤーの式

1 mol の理想気体について,次のマイヤーの式が成り立つことを証明しなさい.

$$C_p-C_v=R$$

(解)

$$C_p-C_v=\left(\frac{\partial H}{\partial T}\right)_P-\left(\frac{\partial U}{\partial T}\right)_V=\left(\frac{\partial U}{\partial T}\right)_P+P\left(\frac{\partial V}{\partial T}\right)_P-\left(\frac{\partial U}{\partial T}\right)_V \qquad ①$$

U の全微分は,

であり，P が一定の条件では，

$$\left(\frac{\partial U}{\partial T}\right)_P = \left(\frac{\partial U}{\partial T}\right)_V + \left(\frac{\partial U}{\partial V}\right)_T \left(\frac{\partial V}{\partial T}\right)_P \qquad ③$$

が成り立つ．式③を式①に代入すると，

$$C_p - C_v = \left(\frac{\partial V}{\partial T}\right)_P \left\{\left(\frac{\partial U}{\partial V}\right)_T + P\right\} \qquad ④$$

が得られる．

$C_p - C_v = \left(\frac{\partial V}{\partial T}\right)_P \left\{\left(\frac{\partial U}{\partial V}\right)_T + P\right\}$ および理想気体の内部エネルギーは温度のみに依存することにより，$\left(\frac{\partial U}{\partial V}\right)_T = 0$ を用いて，

$C_p - C_v = \left(\frac{\partial V}{\partial T}\right)_P \left\{\left(\frac{\partial U}{\partial V}\right)_T + P\right\} = P\left(\frac{\partial V}{\partial T}\right)_P$ となる．

$PV = RT$ から $V = \frac{RT}{P}$ であり，$\left(\frac{\partial V}{\partial T}\right)_P = \frac{R}{P}$ が成立するので，

$C_p - C_v = P\left(\frac{\partial V}{\partial T}\right)_P = P\frac{R}{P} = R$ が成り立つ．

【問 5.3】 内部エネルギー，エンタルピー，仕事

3 mol の水素ガスを 0.15 MPa, 300 K の状態から加熱圧縮して 15 MPa, 600 K にする．水素ガスの内部エネルギー変化，エンタルピー変化，水素ガスが周囲にした仕事をそれぞれ求めなさい．ただし，水素ガスは理想気体とし，定圧モル熱容量 C_p は，絶対温度 T の関数として次式で表されるものとする．

$$C_p = 27.3 + 3.3 \times 10^{-3} T + 0.50 \times 10^5 T^{-2} \quad [\mathrm{J\ mol^{-1}\ K^{-1}}]$$

（解）

算出する経路を

① 0.15 MPa, 300 K → 0.15 MPa, 600 K（定圧）
② 0.15 MPa, 600 K → 15 MPa, 600 K（定温）

と分けて考える．また，①および②における内部エネルギー変化，エンタルピー変化，仕事をそれぞれ ΔU_1, ΔU_2, ΔH_1, ΔH_2, W_1, W_2 とする．②は定温変化であるので，$\Delta U_2 = 0$, $\Delta H_2 = 0$ となる．マイヤーの式から，$C_v = C_p - R$ を

用いると次のように計算できる.

$$\Delta U = \Delta U_1 + \Delta U_2 = n\int_{300}^{600} C_v dT + 0 = n\int_{300}^{600}(C_p - R)dT + 0$$

$$= 3 \times \left[18.99T + \frac{3.3}{2} \times 10^{-3} T^2 - 0.50 \times 10^5 T^{-1}\right]_{300}^{600} = 18.68 \text{ kJ}$$

$$\Delta H = \Delta H_1 + \Delta H_2 = n\int_{300}^{600} C_p dT + 0$$

$$= 3 \times \left[27.3T + \frac{3.3}{2} \times 10^{-3} T^2 - 0.50 \times 10^5 T^{-1}\right]_{300}^{600} = 26.16 \text{ kJ}$$

$$W_1 = -\int_{V_1}^{V_2} PdV = -P\left\{\left(\frac{3RT_2}{P}\right) - \left(\frac{3RT_1}{P}\right)\right\} = -3R(T_2 - T_1) = -900\,R$$

$$W_2 = -\int_{P_1}^{P_2} PdV = -3RT_2 \int_{V_1}^{V_2} \frac{dV}{V} = -3RT_2 \ln\frac{V_2}{V_1}$$

$$= -3RT_2 \ln 100 = 1800\,R \ln 100$$

$$W = W_1 + W_2 = 900\,R(2\ln 100 - 1) = 61.44 \text{ kJ}$$

【問 5.4】 反応熱,結合エネルギー

標準状態における次の反応の反応熱を求めなさい.

$$CH_4(g) \rightarrow C(g) + 4H(g)$$

(解)

$CH_4(g)$, $C(g)$, $H(g)$ の標準生成エンタルピーはそれぞれ,-74.85,715.00,217.99 kJ mol^{-1} であるので,上式の標準生成エンタルピーは

$$715.00 + 4 \times (217.99) - (-74.85) = 1661.81 \text{ kJ mol}^{-1}$$

【問 5.5】 標準生成エンタルピー,反応熱

標準生成エンタルピーを用いて,次の反応の標準反応熱を求めなさい.次に,500 ℃における標準反応熱を求めなさい.

$$CH_4(g) + H_2O(g) \rightarrow CO(g) + 3H_2(g)$$

(解)

それぞれの標準生成エンタルピーは,定圧モル熱容量は

$CH_4(g)$: -74.5 kJ mol^{-1}, $C_p = 23.6 + 60.2 \times 10^{-3}T - 1.9 \times 10^5 T^{-2}$ [J mol^{-1} K^{-1}]

$H_2O(g)$: -241.83 kJ mol^{-1}, $C_p = 30.5 + 10.3 \times 10^{-3}T$ [J mol^{-1} K^{-1}]

$CO(g)$: -110.5 kJ mol^{-1}, $C_p = 28.4 + 4.1 \times 10^{-3}T - 0.46 \times 10^5 T^{-2}$ [J mol^{-1} K^{-1}]

H$_2$(g)：0 kJ mol^{-1}，$C_p = 27.3 + 3.3 \times 10^{-3} T + 0.50 \times 10^5 T^2$　[J mol^{-1} K^{-1}]

上記反応式の標準生成エンタルピー（標準反応熱）は，

$(-110.57 + 3 \times 0) - (-74.85 + (-241.83)) = 206.18$ kJ mol^{-1}

である．500℃での標準反応熱を求めるために，まず，生成物と原料物質の定圧モル熱容量の係数について，反応式の量論係数を加味した差分をとる．

$\Delta a = (28.4 + 3 \times 27.3) - (23.6 + 30.5) = 56.2$

$\Delta b = (4.1 + 3 \times 3.3) - (60.2 + 10.3) = -56.5$

$\Delta c = (-0.46 + 3 \times 0.50) - (-1.9) = 2.94$

$\Delta H_{(500℃)} = \Delta H_{298} + \int_{298}^{773} \Delta C_p dT$

$= 206.18$ kJ mol^{-1} $+ \int_{298}^{773} 56.2 - 56.5 \times 10^{-3} T + 2.94 \times 10^5 T^{-2} dT$

$= 206.18$ kJ mol^{-1} $+ \left[56.2 T - \dfrac{56.5}{2} \times 10^{-3} T^2 - 2.94 \times 10^5 T^{-1} \right]_{298}^{773}$

$= 206.18 + 12.93 = 219.1$ kJ mol^{-1}

(**注**：問では計算の簡略化のため，25℃を298 Kとしている．)

6 エントロピーと熱力学第二, 第三法則

6.1 不可逆変化と可逆変化

6.1.1 不可逆変化, 可逆変化, 準静的変化

　熱は高温から低温へ流れ，閉じこめられた気体は真空容器につながると拡散する．「覆水盆に返らず」という格言があるように，自然界の変化には方向性があることを私たちは常に体験している．このように変化が起こると元に戻らない変化を不可逆変化（irreversible change）と呼ぶ．自然界の変化はすべて自発的に起こる不可逆変化である．これに対して，変化が起こっても元に戻せる変化を可逆変化（reversible change）と呼ぶ．たとえば，シリンダー内の気体の膨張では外圧を内圧より無限小だけ小さくし，ピストンを無限の時間をかけてゆっくり押し上げることで，可逆変化を行うことができる．このように熱平衡状態に十分に近い状態に保ちながら，無限大の時間をかけてゆっくり"じわじわ"と行う変化を準静的変化（quasi-static change）と呼ぶ．無限小だけ異なる平衡状態を無限につなげているとみなせる準静的変化では，変化は正逆いずれの方向でも起こり得るので可逆変化となる．

6.1.2 等温変化と断熱変化

　熱力学において，準静的に行う可逆変化で特に重要な変化として等温変化（isothermal change）と断熱変化（adiabatic change）がある．これらの変化は熱機関を理解する上で重要である（図6.1）．

　等温変化：　温度が一定であれば，内部エネルギーの変化はなく $dU=0$ である．したがって，熱力学第一法則 $dU=dQ-PdV$ より，$dQ=PdV$ となる．状態方程式 $P=RT/V$ より $dQ=RTdV/V$ となり，積分すると

6.1 不可逆変化と可逆変化

(a) 等温変化: $Q = RT\ln\left(\dfrac{V_2}{V_1}\right)$

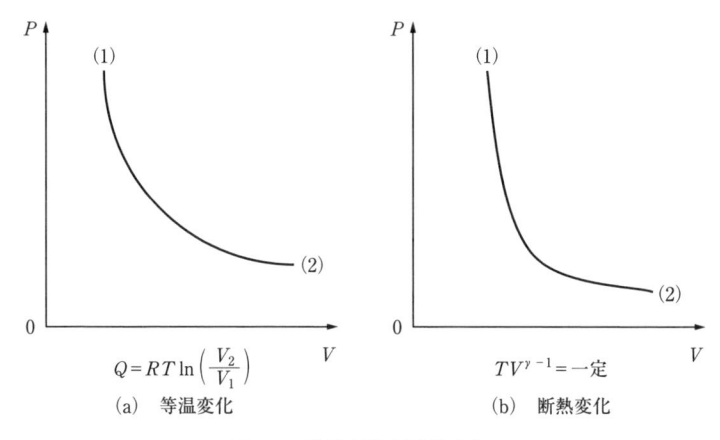

(b) 断熱変化: $TV^{\gamma-1} = $ 一定

図 6.1 等温変化と断熱変化

$$Q = RT\int_{V_1}^{V_2}\frac{dV}{V} = RT\ln\left(\frac{V_2}{V_1}\right)$$

となる．等温膨張（$V_2 > V_1$）では $Q > 0$ であり熱は吸収される．

断熱変化： 系と外界の間に熱の出入りがないので，$dQ=0$ である．したがって熱力学第一法則 $dU=dQ-PdV$ から，$dU=-PdV$ となる．熱容量 $C_v=dU/dT$ を利用すれば，$dU=C_v dT$ であるので，

$$C_v dT = -PdV = -RTdV/V$$

となる．変換して

【コラム】

世紀の二大天才： Carnot（カルノー，1796～1832）と数学者の Galois（ガロア，1811～1832）は 19 世紀の二大天才と呼ばれている．Carnot は熱機関の最大効率を理論的に研究して 1824 年に「火の動力と動力を発現させるのに適した機関に関する考察」という論文を発表したが（Carnot は生涯に 1 つの論文しか発表していない），その価値が認められたのは死後であり，Clausius（クラウジウス）や Thomson（トムソン）らにより熱力学第二法則が導かれる基になったことによる．一方，Galois による群論の発見などの成果が評価されたのは彼の死後約 50 年後である．Galois が決闘で命を落としたことは有名だが，Carnot はコレラで亡くなった．2 人は同じ年（1832 年）に亡くなっている．

$$C_v dT/T = -RdV/V$$

より，$R = C_p - C_v$ を使って両辺を積分すると

$$C_v \int_{T_1}^{T_2} \frac{dT}{T} = -(C_p - C_v) \int_{V_1}^{V_2} \frac{dV}{V}$$

さらに $C_p/C_v = \gamma$ とすると

$$\ln(T_2/T_1) = -(\gamma - 1)\ln(V_2/V_1)$$

となる．これより

$$T_2/T_1 = (V_2/V_1)^{-(\gamma-1)}$$

結局

$$T_2/V_2^{\gamma-1} = T_1/V_1^{\gamma-1}$$

となり

$$TV^{\gamma-1} = \text{一定}$$

となる．$\gamma - 1 > 0$ なので，断熱膨張 ($V_2 > V_1$) では，$T_2 < T_1$ となり系の温度は低下する．

6.2 熱機関（エンジン）

　熱力学は，産業革命の時代に熱機関（heat engine）の改良にともなって発達した学問である．熱機関により仕事を連続的に限りなく取り出すためには，往復運動を繰り返す必要がある．このような周期的な過程をサイクルと呼ぶ．熱機関を運転するためには高温の熱源と低温の熱源を必要とする．1824年フランスのCarnotは，高温の熱源から低温の熱源へと移動する熱を最大限有効に仕事に変える理想的な熱機関を発表した．この理想的な熱機関はカルノー・サイクル（Carnot cycle）と呼ばれ，熱機関の効率の限界を探り出すために考案された仮想的エンジンである．何百年にわたり熱機関の効率を改善する努力が払われてきたが，カルノー・サイクルこそが究極の効率を持つエンジンである．また，ドイツのClausiusはカルノーの理論を説明することでエントロピーという熱力学量を導いた．

6.2.1 カルノー・サイクル

　図6.2はカルノー・サイクルでの気体の変化を示す P-V 図である．カルノー・サイクルは，等温過程と断熱過程を交互に組み合わせたものであり，(1)

6.2 熱機関（エンジン）

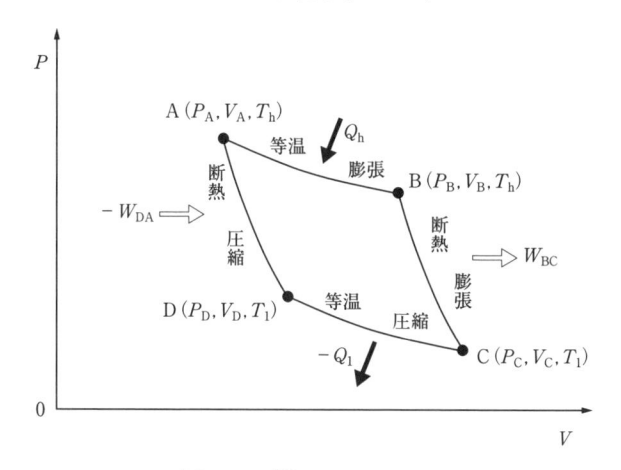

図6.2 可逆カルノー・サイクル

等温膨張，(2) 断熱膨張，(3) 等温圧縮，(4) 断熱圧縮の4つの過程を繰り返すことにより運転される（図6.3）．これらの変化の過程は熱平衡が保たれた状態，すなわち温度差ゼロで熱移動させる準静的過程としている．温度差をつくらないように限りなく穏やかにピストンを動かす．このため，実用にならないので仮想的エンジンと呼ばれている．過程の途中で温度差をつくらないので無駄な熱の消費を避けることができる．このように，カルノーは最大効率の熱機関を得るために次の工夫を加えている．すなわち，全過程を準静的過程に徹した点である．そのために断熱過程を導入して体積を変化することで温度を変化させ，温度差をつくらずすべての過程を可逆過程であるようにした．

Nicolas Léonard Sadi Carnot, 1796.6.1-1832.8.24

Rudolf Julius Emmanuel Clausius, 1822.1.2-1888.8.24

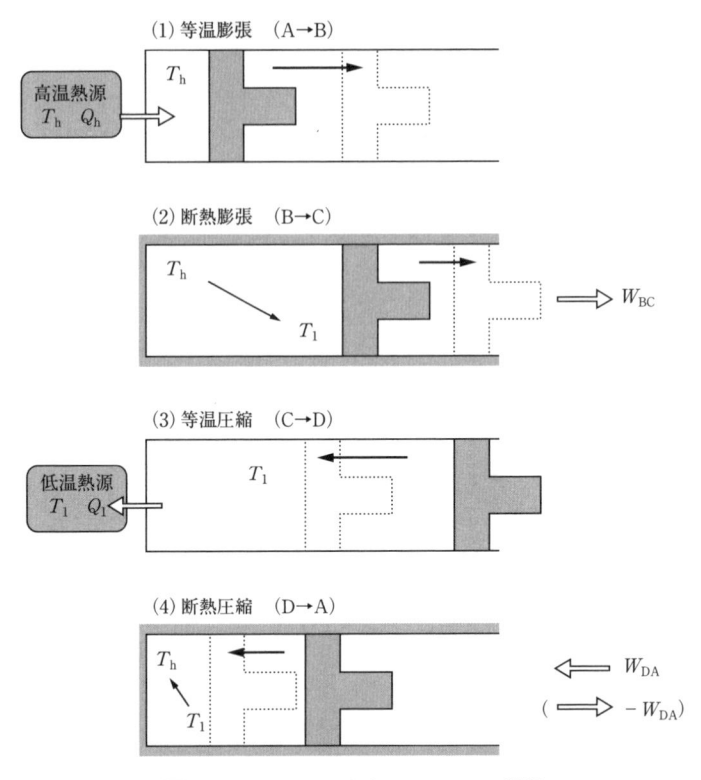

図6.3 カルノー・サイクルの4つの過程

(1) 等温膨張過程 (A → B)

高温熱源 (T_h) と接触させながら気体を等温線 AB に沿ってゆっくり膨張させる．このとき高温熱源からシリンダー内に取り入れられる熱量

$$Q_h = RT_h \ln(V_B/V_A)$$

はすべて，膨張により外部にむけてする仕事になる．

(2) 断熱膨張過程 (B → C)

高温熱源からシリンダーを離し断熱材で蓋をして，断熱線 BC に沿ってゆっくりとシリンダーを動かし，内部の気体が低温熱源の温度 T_l に達するまで膨張させる（外圧を内圧より少し下げて準静的に膨張させる）．このときも膨張により気体は外部に仕事をする．この過程で気体がする仕事は

$$W_{BC} = C_v(T_h - T_l)$$

である．

(3) 等温圧縮過程 (C → D)

低温熱源 (T_1) と接触させながら気体を等温線 CD に沿ってゆっくり圧縮する．このときシリンダー内の気体は圧縮されることで，外部から仕事をされる．しかし低温熱源に接しているので，その仕事はそのまま熱量

$$Q_1 = RT_1 \ln\left(\frac{V_C}{V_D}\right)$$

として低温熱源に放出される．

(4) 断熱圧縮過程 (D → A)

再び熱源を切り離し断熱材で蓋をして断熱線 DA に沿って高温熱源の温度 T_h に達するまでゆっくり圧縮する（外圧を内圧より少し上げて準静的に圧縮させる）．このときもシリンダー内の気体は圧縮されることで外部から仕事をされる．その仕事はそっくりそのまま気体の内部エネルギー増加となって，気体の温度が上がることになる．この過程で気体がされる仕事は

$$W_{DA} = C_v(T_h - T_1) = -W_{BC}$$

である．

4つの過程を一巡してシリンダー内の気体が外部に対して行う正味の仕事は，断熱膨張と断熱圧縮での仕事は互いに相殺されるので，高温での等温膨張と低温での等温圧縮のみを考えればよい．

$$W = Q_h + W_{BC} - Q_1 - W_{DA} = Q_h - Q_1 = RT_h \ln(V_B/V_A) - RT_1 \ln(V_C/V_D)$$

ここで，断熱変化では $TV^{\gamma-1} =$ 一定であるので，

$$T_h V_B^{\gamma-1} = T_1 V_C^{\gamma-1}$$
$$T_h V_A^{\gamma-1} = T_1 V_D^{\gamma-1}$$

この2式より

$$V_B/V_A = V_C/V_D$$

が得られる．したがって，

$$W = R(T_h - T_1)\ln(V_B/V_A) = Q_h - Q_1$$

となり，これは図 6.2 の ABCD の囲む面積に等しくなる．すなわち，シリンダー内の気体は高温熱源から熱量 Q_h を吸収し，低温熱源に熱量 Q_1 を放出する．その熱量の差

$$Q_h - Q_1$$

が，気体が外部にする仕事 W に相当することになる．

6.2.2 熱機関の仕事効率

熱機関（エンジン）の効率 η（efficiency）は高温熱源から受け取る熱量に対する，実際に取り出せる仕事の比率として定義される．カルノー・サイクルで得られる仕事が熱機関で得られる最大仕事効率であり，そのときの効率はカルノー効率 η_c と呼ばれ，次のように計算できる．

$$\eta_c = \frac{W}{Q_h} = \frac{Q_h - Q_l}{Q_h}$$

$$= R(T_h - T_l)\frac{\ln(V_B/V_A)}{RT_h \ln(V_B/V_A)}$$

$$= \frac{T_h - T_l}{T_h} = 1 - \frac{T_l}{T_h}$$

結局は高温熱源と低温熱源の温度差と高温熱源の温度だけで決まる値である．つまり，2つの熱源の温度のみで決まる．どんな可逆機関でも効率は同じで，熱源の温度だけで決まる．カルノー効率が意味することは，① $\eta_c < 1$ より，高温熱源から受け取る熱量をすべて仕事に変換できないこと，②高温熱源の温度が高いほど，低温熱源の温度が低いほど仕事に変換できる割合を高くできることである．

実際の熱機関は摩擦や熱伝導などによる損失をともなうので，効率はカルノー効率よりもかなり低くなり，蒸気機関は20%以下，ガソリンエンジンは20～30%以下，ディーゼルエンジンやガスタービンは40%前後になる．仕事は100%熱に変えることができるが，熱は100%仕事に変えることはできない．そういう意味では，仕事は熱より高品位のエネルギーである．

位置エネルギー，運動エネルギー，仕事，電気エネルギーは理想的な条件では，100%の効率で熱に変換できる．しかし，熱エネルギーは理想的な条件でも100%の効率で仕事に変換できない．熱力学の核心は熱が他のエネルギー形態と異なり，すべてを仕事に変換できない特殊なエネルギー形態であることにある．カルノーの研究が熱力学第二法則の発見に先駆的な研究であるのは，熱機関の仕事効率に上限があり，熱のすべてを仕事に変換できないことを証明したからである．

【例題 6.1】 450 ℃の高温熱源から受け取った熱量 300 J から，30 ℃の低温熱源を利用して得ることができる最大仕事量を求めよ．

(解)

カルノー効率（最大仕事効率）η_c は，
$$\eta_c = 1 - T_l/T_h = 1 - 303/723 = 0.581$$
熱量 $Q_h = 300$ J，効率 $\eta_c = 0.581$ より，最大仕事量 W_{max} は，
$$W_{max} = Q_h \times \eta_c = 300 \times 0.581 = 174.3 \text{ J}$$

6.2.3 冷却装置（ヒートポンプ）

熱機関を逆向きに回すと，外部から仕事をされて低温熱源から高温熱源へ熱をくみ上げる装置になり，ヒートポンプと呼ばれる（図 6.4 (b)）．この可逆熱機関の冷却効率は $\eta_e = Q_l/W = T_l/(T_h - T_l)$ である．冷蔵庫やエアコンはヒートポンプであるが，実際の効率は理想の効率に比べかなり低いのが現状である．熱の移動を進めるために温度差を大きくしていることやポンプの圧縮仕事などの過程に不可逆性が大きいためである．

(a) 熱機関　　(b) ヒートポンプ

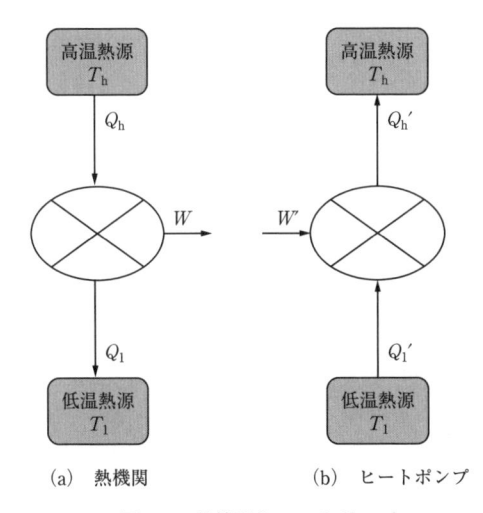

図 6.4　熱機関とヒートポンプ

【例題 6.2】 室外 27 ℃ のとき，室内を 22 ℃ に冷却したい．このヒートポンプの冷却効率を求めよ．また毎秒 22 kJ の熱をくみ出すために必要な最小電力を求めよ．

(解)
冷却効率 η_e は，
$$\eta_e = T_1/(T_h - T_1) = 295/(300 - 295) = 59$$
毎秒くみ出す熱量 $Q_1 = 22 \text{ kJs}^{-1} = 22 \text{ kW}$ より，必要な最小電力 W_{min} は
$$W_{min} = Q_1/\eta_e = 22000/59 = 373 \text{ W}$$

6.2.4 永久機関

外部からエネルギーを供給せずに仕事を続けることができるサイクル機関を第一種永久機関と呼ぶ．これはエネルギー保存則すなわち熱力学第一法則に反するもので，実現不可能である．

また，エネルギー保存則を満足していても，仕事効率が 1 ($\eta=1$) になる熱機関は実現できない．受け取った熱をすべて仕事に変えることができる熱機関は第二種永久機関と呼ばれ，実現できれば海や大気などの無限量の低温の熱を熱源として作動することができるが，実現できない（図 6.5）．仕事は 100% 熱に変換できるが，逆に熱を 100% 仕事に変えることができないためである．すなわち仕事が熱に変わるのは不可逆である．

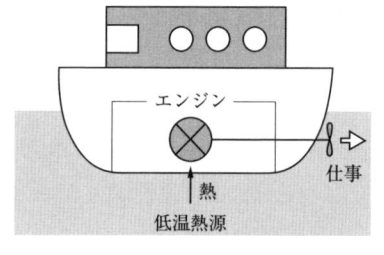

図 6.5 第二種永久機関の原理：1 つの熱源だけから熱を得て仕事に変えることはできない

6.2.5 熱力学第二法則

第二種永久機関が実現不可能であることは熱力学第二法則（The second law of thermodynamics）の 1 つの現れであるが，熱力学第二法則には以下に述べるいくつかの表現がある．熱力学第一法則はエネルギーの収支に関する法則であるが，熱力学第二法則は自発過程の方向を示す法則である．

（1）トムソン（ケルビン：Kelvin）の原理

温度の決まった1つの熱源から熱を吸収し，それをすべて仕事に変えて，それ以外に何の変化も残さない過程は実現できない．仕事が熱に変わるのは不可逆である．

（2）クラウジウスの原理

外部に何の変化も残さず，低温の熱源から高温の熱源へ熱を移すことは不可能である．高温熱源から低温熱源への熱の移動は不可逆である．第二種永久機関は熱力学第二法則に反するので実現できない．

トムソンの原理とクラウジウスの原理は表現は違うが等価であることは証明できる．熱力学第二法則から，熱は高温部から低温部に自発的に流れることになる．この熱の流れの源になっているのは位置エネルギーの差ではなく，エントロピーである．

【コラム】

ケルビンの小川： Thomson は後に絶対温度でなじみの深いケルビン Kelvin に改名している．彼は 10 歳でグラスゴー大学に入学し，ケンブリッジ大学で学び 22 歳で教授として祖国のグラスゴー大学に赴任している．電信事業でも巨大な富と名声を築き，卿の称号を受け Kelvin 卿となった．グラスゴー大学内には Kelvin という名前の小川が流れている．

エネルギーとエントロピーの語源： 本名 Gattlieb のドイツ人 Clausius は 1865 年に「物理学年報」に掲載された論文でエントロピーを命名した．エネルギーとエントロピーの語源はギリシャ語であり，en は英語の in にあたる．erg は仕事や活力を意味することから，energy は仕事をする潜在能力という意味合いになる．一方，entropy は変化する潜在能力を意味するように，変化や発展を意味するギリシャ語の tropy を用いて命名されたのではないかと類推されている．Joule, Kelvin (Thomson), Clausius の 3 人は 1818〜1824 年生まれの同世代であり，熱力学の学問を構築した．

6.2.6 温度の定義

カルノー・サイクルが示すように可逆熱機関の仕事効率は作業物質によらず

$$\eta_c = 1 - Q_2/Q_1 = 1 - T_2/T_1$$

であり，これより

$$T_2/T_1 = Q_2/Q_1$$

が得られる．Kelvin 卿（Thomson）は，右辺が可逆機関での高熱源と低熱源の間でやりとりできる熱量の比であり，作業物質によらない熱効率のみで決まる値であること，T_1 を適当な基準温度にすれば T_2 が一義的に定まることに注目し，温度を $T_2 = T_1 \times (Q_2/Q_1)$ と定義した．理想気体のような作業物質を用いなくても，物質の種類に関係なく定義できる温度を熱力学温度という．基準温度として水の三重点を 273.16 K に定めると，熱力学温度は理想気体の状態方程式に基づいて定義される絶対温度と一致する．また，1 度は絶対零度から水の三重点までを 273.16 等分したものである．

6.3 エントロピー

6.3.1 エントロピーの熱力学定義

カルノー・サイクルが示すように，可逆熱機関の仕事効率はエンジン内部の作業物質が何であるかにかかわらず

$$\eta_c = 1 - Q_l/Q_h = 1 - T_l/T_h$$

であり，これより

$$Q_h/T_h = Q_l/T_l$$

が得られる．高温で移動する熱量をその温度で割ったものと，低温で移動する熱量をその温度で割ったものは一致する．これは可逆熱機関で起こる熱現象の一つである．ここでは Q_l は熱機関（エンジン）から低熱源へ移動する熱量としているが，熱機関側からみれば熱量変化は符号が逆であり $Q_l' = -Q_l$ である．すなわち，熱機関での熱の出入りについて，

$$Q_h/T_h + Q_l'/T_l = 0$$

の関係が得られる．これは可逆熱機関が 1 サイクルしたときの系の Q/T の値は保存されることを示し，Clausius はこの Q/T を系のエントロピー S（entropy）とした．

6.3 エントロピー

エントロピーは熱力学的には，$dS = dQ/T$ と定義される．温度 T での等温準静的過程（可逆過程）での変化において，系が熱量 Q_r を受け取った際のエントロピー変化は

$$\Delta S = \int_i^f \frac{dQ_r}{T} = \frac{Q_r}{T}$$

である．r は可逆過程を示している．エントロピーは系の乱雑さを表現する尺度であり，状態量である．系の最初と最後の状態が決まれば決まる量であり，変化の経路によらない．可逆サイクルでは，サイクルが1周し元に戻ると，系のエントロピー変化はゼロとなり系のエントロピーの値は変化しないことからも，エントロピーは状態量であることがわかる．

ある過程が可逆的に進行するとき，その系を含む世界（孤立系）全体のエントロピー変化はゼロである．すなわち，

$$\Delta S_{\text{univ}}(\text{世界}) = \Delta S_{\text{sys}}(\text{系}) + \Delta S_{\text{therm}}(\text{熱的周囲}) + \Delta S_{\text{mech}}(\text{力学的周囲}) = 0$$

である．エントロピーが分子レベルでの乱雑さの尺度であることを考慮すると，仕事は外界の原子の一様な運動を刺激するだけで，乱れの程度を変化させることがないので，エントロピーを変化させない．すなわち，力学的周囲へのエントロピー変化 $\Delta S_{\text{mech}} = 0$ となり，上式より，

$$\Delta S_{\text{sys}} = \Delta S_{\text{therm}}$$

となる．一方，熱の出入りは外界の乱雑な運動を刺激するため，エントロピーは変化し

$$\Delta S_{\text{therm}} = \Delta U_{\text{therm}}/T$$

である．すなわち，

$$\Delta S_{\text{sys}} = -\Delta S_{\text{therm}} = -\Delta U_{\text{therm}}/T$$

である．Q は熱的周囲から系に流れる熱であり $Q = \Delta U_{\text{therm}}$ であるから，結局 $\Delta S_{\text{sys}} = Q/T$ となり，熱的周囲から系に流れる熱 Q とそのときの温度 T より，系のエントロピー変化 ΔS_{sys} が求められる．

Q/T は熱量を温度で割っているから，やりとりする熱量 Q が同じなら，温度が低いほどこの値は大きくなる．同じ熱量を受け取っても，温度が低いほど乱雑さが増える度合いは大きくなるが，温度が高いときは分子運動などが激しくもともと乱雑さが大きいため，熱移動にともなう乱雑さの増加は小さく評価されることになる．

(a) 体積増加

(d) 配列のみだれ

(b) 温度上昇（エネルギー増加）

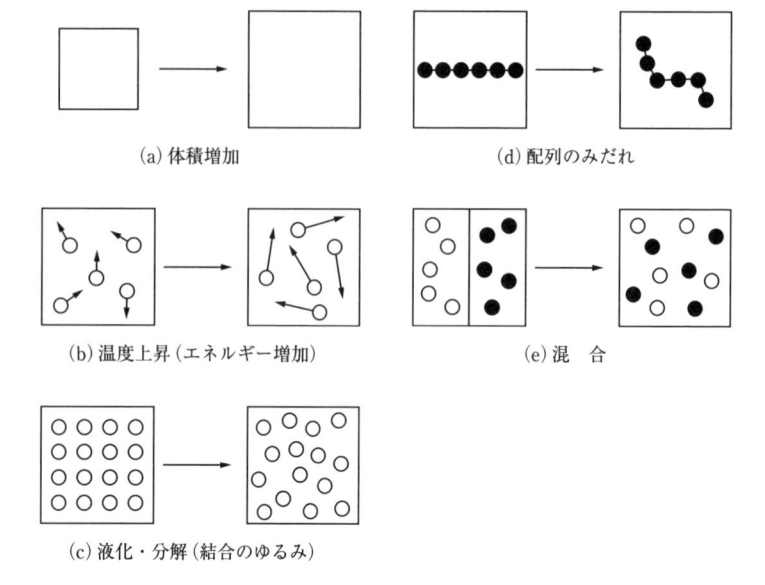

(e) 混　合

(c) 液化・分解（結合のゆるみ）

図 6.6　エントロピーの増加 $(S_i < S_f)$

6.3.2　相変化にともなうエントロピー変化

　水の蒸発のように熱エネルギーが供給される相変化では，エントロピーは増加する（図 6.6）．定圧下での相変化は一定温度で起こる場合が多く，一定温度の熱源（熱的周囲）と系が平衡を保ちながら準静的に変化する．可逆過程での変化なので，$\Delta S_{sys} = -\Delta S_{therm}$ また定圧変化であるから $\Delta U_{therm} = -\Delta H (=-Q)$（$Q$ は熱的周囲から系に流れる熱量），エントロピーの定義より $\Delta S_{therm} = \Delta U_{therm}/T$ から，

$$\Delta S_{sys} = -\Delta S_{therm} = -\Delta U_{therm}/T = \Delta H/T (= Q/T)$$

となる．すなわち，定圧での相転移熱 ΔH_{tr}，相転移温度 T_{tr} とすると，相変化にともなう系のエントロピー変化は，

$$\Delta S_{sys} = \Delta H_{tr}/T_{tr}$$

となる．

6.3.3　トルートンの法則

　液体が蒸発し気体になる相変化では，分子の乱雑さが増加するため，エントロピーは増加する．液体が蒸発するときのエントロピー変化は蒸発のエンタル

6.3 エントロピー

表 6.1 液体の標準モル蒸発エントロピー

	蒸発熱 ΔH_{vap}/kJmol^{-1}	沸点 T_b/K	$\Delta S_{vap}=\Delta H_{vap}/T_b$ /JK^{-1}mol^{-1}
メタン	9.27	111.6	83.1
ベンゼン	30.76	352.8	87.2
ナフタレン	40.46	490.0	82.6
四塩化炭素	30.00	349.4	85.9
硫化水素	18.80	213.2	88.2
鉛	180.0	2023.0	89.0
水	40.67	372.8	109.1
メタノール	35.27	337.4	104.5

ピーを標準沸点 T_b で割ると求められる．

$$\Delta S_{vap}=\Delta H_{vap}/T_b$$

表 6.1 は液体の沸点での蒸発エントロピーを示している．ほとんどすべての液体についてほぼ等しい値（約 85 JK^{-1}mol^{-1}）が得られる．この経験的な観測結果はトルートンの法則（Trouton's rule）と呼ばれている．トルートンの法則はどんな気体でも蒸発して気体になるときには，同程度の不規則性が発生することを示している．この規則から大きくずれる液体は，液体の分子がある程度の規則性を有して配列している場合で，気体になるときにより乱雑さが増すため大きなエントロピー変化となる．たとえば，水は液体で水素結合による配置の規則性を有するため，蒸発のエントロピー変化は大きくなる．

【例題 6.3】 1 mol のメタンが 1 atm，-161.4 ℃で液体から気体に変化するときのエントロピー変化はいくらか．メタンの -161.4 ℃における蒸発熱は 9.27 kJmol^{-1} である．

（解）

蒸発熱 $\Delta H_{vap}=9.27$ kJmol^{-1}，沸点 $T_b=111.6$ K より，蒸発にともなうエントロピー変化 ΔS_{vap} は，

$$\Delta S_{vap}=\frac{\Delta H_{vap}}{T_b}=\frac{9.27\times 10^3}{111.6}=83.1 \text{ JK}^{-1}\text{mol}^{-1}$$

6.3.4 温度変化にともなうエントロピー変化

温度の上昇にともなって物質のエントロピーは増加する．物質 1 mol を定圧下で温度上昇したとき，定圧モル熱容量 C_p を用いて，

$$dU_{\text{therm}} = -dH(=-dQ_p) = -C_p dT$$

となるので，熱を準静的に加えたときの系のエントロピー変化は

$$\Delta S_{\text{sys}} = -\Delta S_{\text{therm}} = \int_{T_1}^{T_2} \frac{dH}{T} = \int_{T_1}^{T_2} \frac{C_p dT}{T} = \int_{T_1}^{T_2} C_p \ln T$$

$$= C_p \ln\left(\frac{T_2}{T_1}\right)$$

となる．一方，定積変化の場合は同様に，

$$\Delta S_{\text{sys}} = \int_{T_1}^{T_2} \frac{C_v dT}{T} = \int_{T_1}^{T_2} C_v \ln T = C_v \ln\left(\frac{T_2}{T_1}\right)$$

となる．

6.3.5 定温での体積変化，圧力変化にともなうエントロピー変化

定温で膨張した気体は，元の状態より大きなエントロピーを持つ．n mol の理想気体を準静的に変化させて，体積 V_1 から V_2 へと温度 T で定温膨張する場合を検討してみる．定温変化であるので内部エネルギーに変化はなく $\Delta U = 0$ であり，したがって

$$\Delta U_{\text{therm}} = -\Delta U_{\text{mech}} \,(=-Q)$$

となる．力学的周囲へのエネルギー変化

$$\Delta U_{\text{mec}} = \int_{V_1}^{V_2} P dV = \int_{V_1}^{V_2} \frac{RT dV}{V} = nRT \ln\left(\frac{V_2}{V_1}\right)$$

であるから，

$$\Delta U_{\text{therm}} = -nRT \ln(V_2/V_1) \,(=-Q)$$

となる．この過程は可逆変化であるので系のエントロピー変化は

$$\Delta S_{\text{sys}} = -\Delta S_{\text{therm}} = -\Delta U_{\text{therm}}/T (= Q/T) = nR \ln(V_2/V_1)$$

となる，また定温変化であるので

$$P_1 V_1 = P_2 V_2$$

であり，

$$\Delta S_{\text{sys}} = nR \ln(V_2/V_1) = nR \ln(P_1/P_2)$$

である．

【例題 6.4】 定圧モル熱容量 $C_p=(5/2)R$ である 2.0 mol の理想気体が 300 K から 650 K に加熱され，圧力が 1.0 atm から 4.0 atm に増加したときのエントロピー変化を求めよ．

(解)

エントロピー変化 ΔS は，定圧下での温度変化によるエントロピー変化 ΔS_1 と定温下での圧力変化によるエントロピー変化 ΔS_2 を加えたものである．

$$\Delta S = \Delta S_1 + \Delta S_2 = nC_p \ln(T_2/T_1) + nR \ln(P_1/P_2)$$
$$= 2.0 \times (5/2) \times (8.314) \times \ln(650/300) - 2.0 \times (8.314) \times \ln(4.0/1.0)$$
$$= 9.1 \text{ JK}^{-1}$$

6.3.6 状態量であるエントロピー

カルノー・サイクルのような可逆サイクルでは，サイクルが 1 周し元に戻る

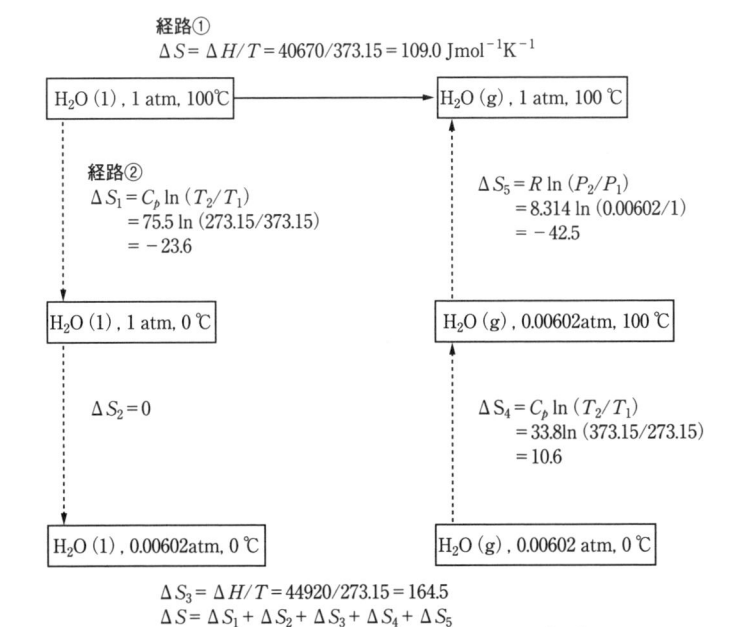

経路①
$\Delta S = \Delta H/T = 40670/373.15 = 109.0 \text{ Jmol}^{-1}\text{K}^{-1}$

$H_2O\,(l),\,1\text{ atm},\,100\,°C$ → $H_2O\,(g),\,1\text{ atm},\,100\,°C$

経路②
$\Delta S_1 = C_p \ln(T_2/T_1)$
$= 75.5 \ln(273.15/373.15)$
$= -23.6$

$\Delta S_5 = R \ln(P_2/P_1)$
$= 8.314 \ln(0.00602/1)$
$= -42.5$

$H_2O\,(l),\,1\text{ atm},\,0\,°C$ $H_2O\,(g),\,0.00602\text{ atm},\,100\,°C$

$\Delta S_2 = 0$

$\Delta S_4 = C_p \ln(T_2/T_1)$
$= 33.8 \ln(373.15/273.15)$
$= 10.6$

$H_2O\,(l),\,0.00602\text{ atm},\,0\,°C$ $H_2O\,(g),\,0.00602\text{ atm},\,0\,°C$

$\Delta S_3 = \Delta H/T = 44920/273.15 = 164.5$
$\Delta S = \Delta S_1 + \Delta S_2 + \Delta S_3 + \Delta S_4 + \Delta S_5$
$= -23.6 + 0 + 164.5 + 10.6 - 42.5 = 109.0 \text{ Jmol}^{-1}\text{K}^{-1}$

図 6.7 水の状態変化に伴うエントロピー変化（状態量であるエントロピー）

と，系のエントロピー変化はゼロとなり，エントロピーは状態量であることを示された．ここでは，もっと身近な例として，水の状態変化にともなうエントロピー変化が経路によらないことを示してみる．

100℃，1 atm の 1 mol の水を加熱して，100℃，1 atm の 1 mol の水蒸気に変換する場合のエントロピー変化を以下の2種類の仮想的経路を考えて計算してみる（図6.7）．経路①では，そのまま水を100℃，1 atm で水蒸気に変換する，一方，経路②では，水をいったん0℃まで冷却し，0℃で平衡な蒸気に変えてから，その水蒸気を100℃まで加熱した後に，最後に水蒸気を1 atm に圧縮する可逆過程を検討する．いずれの経路をとるにもかかわらず，100℃，1 atm の 1 mol の水蒸気は，100℃，1 atm の 1 mol の水よりも約 109 JK^{-1} 大きいエントロピーを持ち，エントロピー変化が2つの状態間の経路によらないことがわかる．すなわち，エントロピーは状態関数であり，系の熱力学性質を示すものであることを意味する．

系の内部エネルギーは状態量であり，系の条件が決まれば一義的に決まる量である．しかも，内部エネルギーは保存量である．エネルギー保存則は孤立系のエネルギーは一定に保たれることを示している．一方，系のエントロピーも状態量である．最終状態へいたる経路に関係なく，最終状態の条件が一致すればエントロピーは同じである．しかし，不可逆過程では，熱力学世界全体（孤立系全体）のエントロピーは増大することから，エントロピーは保存量にはならない．エントロピーは状態量であるが保存量でないことに注意する必要がある．

6.3.7 エントロピーの分子論的解釈

系のエントロピーは系の温度の上昇，熱吸収にともなう相変化，体積の膨張，混合や拡散などの変化で増加する．これらの変化は，粒子の配列や熱運動が増大する変化であり，乱雑さが増大する方向への変化である．すなわち，エントロピーは系の乱雑さを示す目安である．統計力学で有名な Boltzmann は，エントロピーを統計力学的に

$$S = k \ln W$$

と定義した．k はボルツマン定数（Boltzmann constant）であり，W は，ある特定の巨視的条件において，分子がとりうる微視的配置の数である．系の全エ

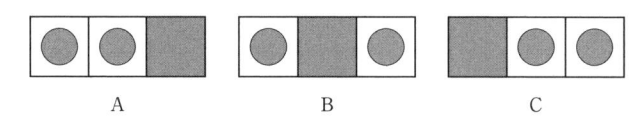

図6.8 3つの枠に2個の球を置く場合の配置の数：$_3C_2 = 3!/2! = (3\times2\times1)/(2\times1) = 3$

ネルギーを変えずに，個々の分子の位置やエネルギーを配置する仕方の数である．すなわち，分子レベルでより多くの配置の可能性を持った物質は大きなエントロピーを持つことになる．

配置の数を理解するために，3つの枠に2個の球を置く場合を考えてみる．この場合，配置の数は $W = {_3C_2} = 3$ とおりになる（図6.8）．ボルツマンの式を理解するためには，このような考えを分子レベルに発展させる必要がある．体積 V_1 の容器に有効体積 v を持つ分子が N ヶ入っている系で，分子を体積 V_2 に拡散させたときのエントロピー変化を求めると，ボルツマンの式において配置の数は $W = (V/v)^N$ にあたることから，

$$\Delta S = k\{\ln(V_2/v)^N - \ln(V_1/v)^N\} = Nk \ln(V_2/V_1) = nR \ln(V_2/V_1)$$

となり，定温膨張の ΔS と一致する．

6.3.8 熱力学第三法則

1906年 Nernst と Planck は，「すべての純物質の完全結晶のエントロピーは，絶対零度（0 K）においてゼロである」とした．この定理は熱力学第三法則（The third law of thermodynamics）と呼ばれている．すなわち，

$$\lim(T\to 0)S = k\ln 1 = 0$$

である．ボルツマンの式によりエントロピーにはゼロ点を定義することができる．

熱力学第三法則を適用して絶対零度でエントロピーがゼロになるのは，完全な秩序を持った結晶だけである．不規則性や乱雑さが絶対零度でも残る物質はエントロピーはゼロにならない．たとえば一酸化炭素は絶対零度で $4.3 \, \text{JK}^{-1} \, \text{mol}^{-1}$ のエントロピーを持つ．これは結晶中の分子の配列が乱雑な配列のまま凍結されるためである．ボルツマンの式を利用して完全に乱雑な配列のときのエントロピーを計算するとCO分子の配向の自由度は2であるので

$$S = k\ln 2^{N_A} = R\ln 2 = 5.8\,\mathrm{JK^{-1}mol^{-1}}$$

となり,測定値と近い値になる.これは一酸化炭素の結晶中の分子の配列が完全に乱雑な状態に近いことを示している.

6.3.9 標準エントロピー

エンタルピーや内部エネルギーなどの熱力学的数値が相対値であるのに対して,エントロピーは熱力学第三法則によりゼロ点が確定しているので絶対値を決めることができる.熱容量や潜熱がわかっていれば任意の温度のエントロピーを計算できる.たとえば,圧力 1 bar,温度 T の気体のモルエントロピー $\overline{S}(T)$ は,

$$\overline{S}(T) = \overline{S}(0) + \int_0^{T_m}\frac{\overline{C}_{pS}dT}{T} + \frac{Q_{\mathrm{melt}}}{T_m} + \int_{T_m}^{T_b}\frac{\overline{C}_{pl}dT}{T} + \frac{Q_{\mathrm{vab}}}{T_b} + \int_{T_b}^{T}\frac{\overline{C}_{pg}dT}{T}$$

であり,相変化と昇温過程でのエントロピー変化の総和として求められる.ただし,$Q_{\mathrm{melt}}(=\Delta H_{\mathrm{melt}})$,$Q_{\mathrm{vab}}(=\Delta H_{\mathrm{vap}})$ は融解熱,蒸発熱であり,T_m,T_b は融点と沸点である.このように求められる標準状態 (1 bar),温度 T K における物質 1 mol あたりのエントロピーを標準モルエントロピー $\overline{S}^\circ{}_T$ という.

【例題 6.5】 酸素分子の 298 K での標準モルエントロピーは $S^\circ{}_{298} = 205.138\,\mathrm{JK^{-1}mol^{-1}}$ である.酸素分子の定圧モル熱容量 $\overline{C}_p = 25.72 + 12.98\times 10^{-3}T - 38.62\times 10^{-7}T^2$ であるとき,1000 K での標準エントロピー $S^\circ{}_{1000}$ を求めよ.

(解)

$$\overline{S}^\circ{}_{1000} = \overline{S}^\circ{}_{298} + \int_{298\mathrm{K}}^{1000\mathrm{K}}\frac{\overline{C}_p dT}{T} = 205.138 + (25.72)\ln\frac{1000}{298} + (12.98\times 10^{-3})(1000-298)$$
$$- (38.62\times 10^{-7})(1000^2 - 298^2) = 243.63\,\mathrm{JK^{-1}mol^{-1}}$$

6.4 不可逆過程とエントロピー増大

6.4.1 熱 移 動

高温熱源から低温熱源への熱移動は，現実には不可逆過程である．熱は自発的に必ず高温から低温へ流れる．$T_h > T_1$ の場合，低温熱源が熱量 $Q(>0)$ を受け取るときの低温熱源のエントロピー変化は $\Delta S_1 = Q/T_1$ であり，高温熱源が熱量 Q を放出するときの高温熱源のエントロピー変化は $\Delta S_h = -Q/T_h$ である．したがって系全体のエントロピー変化 ΔS は $T_h > T_1$ であるから，

$$\Delta S = \Delta S_h + \Delta S_1 = -Q/T_h + Q/T_1 > 0$$

とエントロピーは増大する（図 6.9）．このように不可逆過程では系と外界を含めた全体，すなわち孤立系のエントロピーは増大する．

6.4.2 熱 機 関

カルノー・サイクル（可逆熱機関）のように可逆過程での熱移動を想定した場合では，可逆熱機関での熱の出入りについて，上記に示したように，$Q_h/T_h - Q_1/T_1 = 0$ の関係があり，可逆熱機関が1サイクルしたときエントロピーは高温熱源から低温熱源へ流れるだけで，その値は保存される．熱機関内部の媒体のエントロピー変化はゼロである．

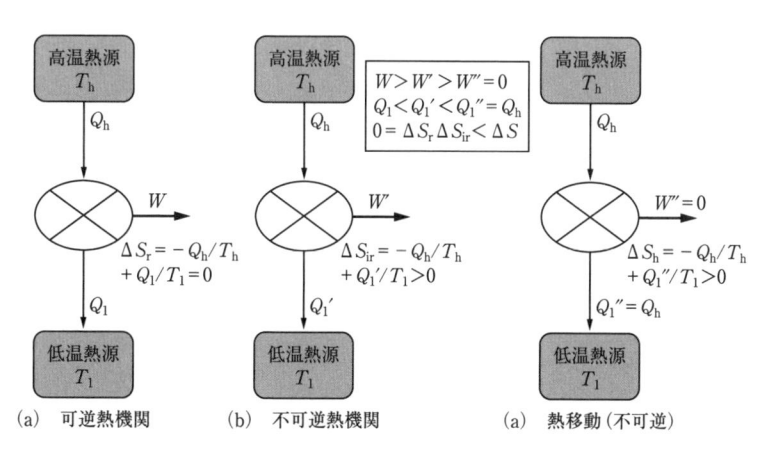

図 6.9 可逆熱機関，不可逆熱機関と熱移動

一方，不可逆熱機関では，カルノーの定理より熱効率は可逆熱機関より小さい．すなわち不可逆熱機関では低温熱源で無駄に捨てる熱量が大きく，不可逆熱機関ではエントロピー変化は $Q_1'/T_1 - Q_h/T_h > 0 (Q_1', Q_h > 0)$ となる．低温熱源で増えるエントロピー Q_1'/T_1 は高温熱源で失われるエントロピー Q_h/T_h より大きくなり，系全体（高温熱源，低温熱源，エンジン（熱機関内部の媒体））のエントロピーは増大することになる．

このように熱機関内部の媒体（気体）を閉鎖孤立系とみなせば，系のエントロピーの値は状態に固有な値を持ち（状態関数），エントロピー変化は可逆過程・不可逆過程の経路によらず一定である．しかし，不可逆過程では，系の外部（高温熱源，低温熱源）でエントロピーが発生し，外部（熱源）も含めた全体を孤立した系とみなすと，内部（媒体）での不可逆変化のために孤立系全体のエントロピーは増大することになる．クラウジウスは，この孤立系を拡大して，宇宙全体を1つの断絶された孤立系とみなし，「宇宙全体のエントロピーは常に増大する」と表現した．ただし，不可逆過程でエントロピーが増大するのはエネルギーや物質が出入りしない孤立系だけであり，開放系ではエントロピーが増大するとは限らない．

【例題6.6】 1 atm，260 K で 1 mol の過冷却の水が氷に変化する際のエントロピー変化を求めよ．これをもとにして，この変化は可逆か不可逆かを判定せよ．ただし，氷の融解熱は 273 K で 335 J g^{-1}，水と氷の定圧比熱はそれぞれ 4.18 および 2.01 JK^{-1}g^{-1} とする．

（解）

過程（A） 水，260 K →氷，260 K

過程（B） 水，260 K—(1)→水，273 K—(2)→氷，273 K—(3)→氷，260 K
と考えると，エンタルピーもエントロピーも状態関数だから

$\Delta H = \Delta H_1 + \Delta H_2 + \Delta H_3$

$\Delta S_{sys} = \Delta S_1 + \Delta S_2 + \Delta S_3$

である．

$\Delta H_1 = C_p(T_2 - T_1) = 4.18 \times 18.0 \times (273 - 260) = 978 \text{ Jmol}^{-1}$

$\Delta H_2 = -335 \times 18.0 = -6.03 \text{ kJmol}^{-1}$

$\Delta H_3 = C_p'(T_2 - T_1) = 2.01 \times 18.0 \times (260 - 273) = -470 \text{ mol}^{-1}$

$\Delta H = 0.978 - 6.03 - 0.470 = -5.52 \text{ kJmol}^{-1}$

$\Delta S_1 = \int_{260 \text{ K}}^{273 \text{ K}} \frac{C_p dT}{T} = C_p \ln\left(\frac{T_2}{T_1}\right)$

$\quad = 4.18 \times 18.0 \times \ln(273/260) = 3.67 \text{ JK}^{-1}\text{mol}^{-1}$

$\Delta S_2 = \Delta H_2/T = -6.03/273 = -22.1 \text{ JK}^{-1}\text{mol}^{-1}$

$\Delta S_3 = \int_{273 \text{K}}^{260 \text{K}} \frac{C_p' dT}{T} = C_p' \ln\left(\frac{T_1}{T_2}\right)$

$\quad = 2.01 \times 18.0 \times \ln(260/273) = -1.77 \text{ JK}^{-1}\text{mol}^{-1}$

$\Delta S_{sys} = 3.67 - 22.1 - 1.77 = -20.2 \text{ JK}^{-1}\text{mol}^{-1}$

外界のエントロピー変化 $\Delta S_{therm} = \dfrac{\Delta H}{T_1} = \dfrac{5.52 \times 10^3}{260} = 21.2 \text{ JK}^{-1}\text{mol}^{-1}$

系と外界の全体のエントロピー変化 ΔS_{univ} は

$\quad \Delta S_{univ} = \Delta S_{sys} + \Delta S_{therm} = -20.2 + 21.2 = 1.0 \text{ JK}^{-1}\text{mol}^{-1}$

となり,この変化は全体のエンタルピーが増加するから不可逆である.

6.4.3 クラウジウスの不等式とエントロピー増大の法則

カルノーの定理より,可逆熱機関と不可逆熱機関との熱効率を比較すると,熱効率は

$$\eta_{ir} = (Q_h - Q_l)/Q_h < (T_h - T_l)/T_h = \eta_r$$

であり,変形すると

$$Q_l/T_l - Q_h/T_h > 0 \quad (Q_l, Q_h > 0)$$

となる. $Q_l = -Q_l' < 0$ として,符号に注意して式を見直すと

$$Q_h/T_h + Q_l'/T_l < 0$$

となる.可逆過程も含めて,これを一般化すると

$$\int_{サイクル} \frac{dQ_{ir}}{T} \leq 0 \quad (= は可逆過程のとき)$$

となる.

図 6.10,図 6.11 のように,可逆変化(A → B)と不可逆変化(B → A)か

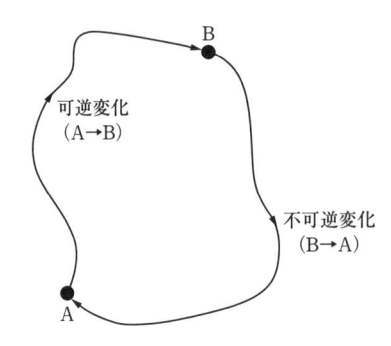

図 6.10 可逆・不可逆過程からなるサイクル（クラウジウスの不等式）

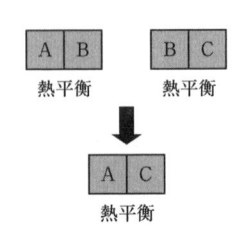

図 6.11 熱力学 0 法則：物体 A と B が熱平衡であり，同時に物体 B と C が熱平衡であるとき，物体 A と C は熱平衡にある．

らなるサイクルでは，

$$\int_A^B \frac{dQ_r}{T} + \int_B^A \frac{dQ_{ir}}{T} = \int_{サイクル} \frac{dQ_{ir}}{T} \leq 0$$

ここで，$\int_A^B dQ_r/T = S(B) - S(A)$ より，$S(B) - S(A) + \int_B^A dQ_{ir}/T \leq 0$，すなわち

$$S(A) - S(B) \geq \int_B^A \frac{dQ_{ir}}{T}$$

となる．これをクラウジウスの不等式という．孤立系（断熱系）では $dQ_{ir}=0$ であるので，孤立系での不可逆過程では $\Delta S = S(A) - S(B) > 0$ となる．すなわち，孤立系での不可逆過程では自発的に変化が起こると $\Delta S > 0$ とエントロピーは増大する．

準静的変化（可逆変化）ではエントロピーは一定に保たれるが，孤立系の内部で不可逆変化が進行するとエントロピーは増大する（エントロピー増大則）．エントロピーは自然界で自発的に起こる変化の方向を指定している．可逆変化ではエントロピーは移動するだけで自然界全体ではエントロピーは変わらないが，不可逆過程ではエントロピーは移動するだけでなく発生もする．

6.4.4 化学反応にともなうエントロピー変化

化学反応が自発的に進行する方向は，系と熱的周囲のエントロピー（ΔS_{sys}, ΔS_{therm}）を合わせた熱力学的世界全体（孤立系全体）のエントロピー（ΔS_{univ}）が増大する方向である．化学反応の系のエントロピー変化 ΔS_{sys} は物質の標準

エントロピーを利用して計算できる．また熱的周囲のエントロピー変化 ΔS_{therm} は等温定圧過程においては $\Delta S_{therm} = \Delta U_{therm}/T = -\Delta H/T$ で求められる．これより $\Delta S_{univ} = \Delta S_{sys} + \Delta S_{therm}$ を計算して，正の値を持てば反応が自発的に進行することがわかる．

【例題 6.7】 $H_2O(l) \rightarrow H_2(g) + 1/2 O_2(g)$ の標準反応エントロピー（298 K, 1 atm）を求めよ．ただし，$H_2O(l)$, $H_2(g)$, $O_2(g)$ の標準エントロピーは 69.9, 130.7, 205.1 $JK^{-1}mol^{-1}$ である．

（解）
$\Delta S°_0 = 130.7 + (1/2) \times 205.1 - 69.9 = 163.4\ JK^{-1}mol^{-1}$

【例題 6.8】 $2NO(g) + O_2(g) \rightarrow 2NO_2(g)$ の反応は標準状態において自発的に進行するか判定せよ．ただし，標準エントロピーおよび標準生成エンタルピーは以下のとおりである．

	NO(g)	$O_2(g)$	$NO_2(g)$
$S_0\ [JK^{-1}mol^{-1}]$	210.76	205.15	240.03
$\Delta H_f°\ [kJmol^{-1}]$	90.29	0	33.10

（解）
$\Delta S°_0 = 2 \times 240.03 - 2 \times 210.76 - 205.15 = -146.61\ JK^{-1}mol^{-1}$

$\Delta H_f° = 2 \times 33.10 - 2 \times 90.29 - 0 = -114.38\ KJmol^{-1}$

$\Delta U_{therm} = -\Delta H$ より，

$\Delta S_{therm} = \dfrac{U_{therm}}{T} = -\dfrac{\Delta H}{T} = \dfrac{114380}{298.15} = 383.63\ JK^{-1}mol^{-1}$

$\Delta S_{univ} = \Delta S° + \Delta S_{therm}$
$\quad\quad\quad = -146.61 + 383.63 = 237.02\ JK^{-1}mol^{-1}$

$\Delta S_{univ} > 0$ より，この反応は自発的に進行する．

演 習 問 題

【問 6.1】 カルノー・サイクル

高温熱源 500 ℃,低温熱源 0 ℃ で 1 mol,$C_v=(3/2)R$,$C_p=(5/2)R$ の理想気体を使って稼働するカルノー・サイクルについて,$V_A=0.01 \text{ m}^3$,$V_B=0.1 \text{ m}^3$ としたとき,4つの過程でエンジンが外部へ行う仕事量をそれぞれ求めよ.

(解)

外部に向けて行う仕事量は

$$W_{AB}=Q_h=RT_h\ln\left(\frac{V_B}{V_A}\right), \quad W_{BC}=C_v(T_h-T_1), \quad W_{CD}=Q_1=RT_1\ln\left(\frac{V_C}{V_D}\right)$$

$$W_{DA}=C_v(T_1-T_h)$$

$$W_{AB}=Q_h=RT_h\ln\left(\frac{V_B}{V_A}\right)=8.314\times773\times\ln\left(\frac{0.1}{0.01}\right)=14.8 \text{ kJ}$$

$$W_{BC}=C_v(T_h-T_1)=(3/2)\times8.314\times(773-273)=6.24 \text{ kJ}$$

断熱変化では $TV^{r-1}=$ 一定であるので,

$$T_h V_B^{r-1}=T_1 V_C^{r-1}$$

$$T_h V_A^{r-1}=T_1 V_D^{r-1}$$

この2式より

$$V_B/V_A=V_C/V_D$$

$$W_{CD}=Q_1=RT_1\ln\left(\frac{V_D}{V_C}\right)=-RT_1\ln\left(\frac{V_C}{V_D}\right)$$

$$=-8.314\times273\times\ln(0.1/0.01)=-5.23 \text{ kJ}$$

$$W_{DA}=C_v(T_1-T_h)=(3/2)\times8.314\times(273-773)=-6.24 \text{ kJ}$$

【問 6.2】 仕事効率

発電所での水蒸気の温度が 400 ℃ の場合と 600 ℃ の場合の最大効率を求め,どちらでの発電がより効率が良いか示せ.海水の温度は 15 ℃ とする.

(解)

$$\eta_c=(T_h-T_1)/T_h,$$

400 ℃ のとき　$\eta=(673-288)/673=0.57$

600 ℃ のとき　$\eta=(873-288)/873=0.67$

よって,600 ℃ のほうが効率が高い.

【問 6.3】 トルートンの法則

塩素の沸点は $-34.4\,°\mathrm{C}$ である．これより塩素の蒸発熱を予測せよ．

（解）

トルートンの法則より，$\Delta S_{vap} = \Delta H_{vap}/T_b$ において，$\Delta S_{vap} = 85\,\mathrm{JK^{-1}mol^{-1}}$ である．

$$\Delta H_{vap} = T_b \times \Delta S_{vap} = 238.8 \times 85 = 20.3\,\mathrm{kJmol^{-1}}$$

実験値は $20.4\,\mathrm{kJmol^{-1}}$ である．

【問 6.4】 温度変化に伴うエントロピー変化

$1\,\mathrm{mol}$ の水が $-10\,°\mathrm{C}$ の氷から $110\,°\mathrm{C}$ の水蒸気に変化するのにともなうエントロピー変化を求めよ．ただし，氷，水，水蒸気の C_p はそれぞれ 36.9，75.3，$33.6\,\mathrm{JK^{-1}mol^{-1}}$，融解熱と蒸発熱は 6.0，$40.7\,\mathrm{kJmol^{-1}}$ である．

（解）

$-10\,°\mathrm{C}$ の氷 → $0\,°\mathrm{C}$ の氷

$$\Delta S_1 = nC_p \ln\left(\frac{T_2}{T_1}\right) = 1 \times 36.9 \times \ln\left(\frac{273}{263}\right) = 1.38\,\mathrm{JK^{-1}}$$

$0\,°\mathrm{C}$ の氷 → $0\,°\mathrm{C}$ の水

$$\Delta S_2 = 6000/273 = 21.98\,\mathrm{JK^{-1}}$$

$0\,°\mathrm{C}$ の水 → $100\,°\mathrm{C}$ の水

$$\Delta S_3 = nC_p \ln\left(\frac{T_2}{T_1}\right) = 1 \times 75.3 \times \ln\left(\frac{373}{273}\right) = 23.50\,\mathrm{JK^{-1}}$$

$100\,°\mathrm{C}$ の水 → $100\,°\mathrm{C}$ の水蒸気

$$\Delta S_4 = 40700/373 = 109.12\,\mathrm{JK^{-1}}$$

$100\,°\mathrm{C}$ の水蒸気 → $110\,°\mathrm{C}$ の水蒸気

$$\Delta S_5 = 1 \times 33.6 \times \ln\left(\frac{383}{373}\right) = 0.89\,\mathrm{JK^{-1}}$$

したがって，$\Delta S = \Delta S_1 + \Delta S_2 + \Delta S_3 + \Delta S_4 + \Delta S_5 = 156.87\,\mathrm{JK^{-1}}$

【問 6.5】 圧力変化に伴うエントロピー変化

定積モル熱容量 $C_v = (3/2)R$ である $0.2\,\mathrm{mol}$ の理想気体を $298\,\mathrm{K}$，$0.5\,\mathrm{dm^3}$ から $373\,\mathrm{K}$，$1.0\,\mathrm{dm^3}$ に加熱膨張するときのエントロピー変化を求めよ．

（解）
エントロピー変化 ΔS は，定積下での温度変化によるエントロピー変化 ΔS_1 と定温下での体積変化によるエントロピー変化 ΔS_2 を加えたものである．

$$\Delta S = \Delta S_1 + \Delta S_2 = nC_v \ln\left(\frac{T_2}{T_1}\right) + nR \ln\left(\frac{V_2}{V_1}\right)$$

$$= 0.2 \times \left(\frac{3}{2}\right) \times (8.314) \times \left(\ln\left(\frac{373}{298}\right)\right) + 0.2 \times (8.314) \times \left(\ln\left(\frac{1.0}{0.5}\right)\right)$$

$$= 0.56 + 1.15 = 1.71 \text{ JK}^{-1}$$

【問 6.6】 温度変化に伴うエントロピー変化

100 ℃の水 1 mol と 20 ℃の水 1 mol を混合したときのエントロピー変化を求めよ．ただし，水の C_p は 75.3 JK^{-1}mol^{-1}．

（解）
混合後の温度は $T = (20+100)/2 = 60$ ℃である．

$$\Delta S_1 = nC_p \ln\left(\frac{T}{T_h}\right) = 1 \times 75.3 \times \ln\left(\frac{333}{373}\right) = -8.54 \text{ JK}^{-1}$$

$$\Delta S_2 = nC_p \ln\left(\frac{T}{T_l}\right) = 1 \times 75.3 \times \ln\left(\frac{333}{293}\right) = 9.64 \text{ JK}^{-1}$$

$$\Delta S = \Delta S_1 + \Delta S_2 = -8.54 + 9.64 = 1.10 \text{ JK}^{-1}$$

【問 6.7】 不可逆過程でのエントロピー変化

断熱された容器（体積 V_2）内に仕切りがあり，仕切りの片方の空間（体積 V_1）には n mol の理想気体が入っており，反対側は真空になっている．仕切りを取り除くと理想気体が箱全体に拡散する．エントロピー変化を計算し，この現象が自発的に起こることを示せ．

（解）
断熱変化であり熱の出入りはなく，また自由膨張で気体の仕事はゼロである．エントロピー変化は，

$$\Delta S = \frac{Q_{\text{rev}}}{T} = nR \ln\left(\frac{V_2}{V_1}\right) > 0 \quad \left(\frac{V_2}{V_1} > 0 \text{ より}\right) \text{である．}$$

$\Delta S > 0$ より，この変化は自発的に起こる．

演習問題

【問 6.8】 温度変化に伴うエントロピー変化

100 ℃の水 1 mol を 25 ℃の恒温槽に移したときの全体のエントロピー変化 ΔS_{univ} を求めよ。ただし、水の C_p は 75.3 JK^{-1}mol^{-1}.

（解）

$$\Delta S = nC_p \ln\left(\frac{T_2}{T_1}\right) = 1 \times 75.3 \times \ln\left(\frac{298}{373}\right) = -16.90 \text{ JK}^{-1}$$

$$\Delta S_{\text{therm}} = \frac{Q}{T_2} = C_p \frac{T_1 - T_2}{T_2} = 75.3 \times \frac{373 - 298}{298} = 18.95 \text{ JK}^{-1}$$

$$\Delta S_{\text{univ}} = \Delta S + \Delta S_{\text{therm}} = -16.90 + 18.95 = 2.05 \text{ JK}^{-1}$$

【問 6.9】 熱機関

20 ℃の高温熱源から 1 kJ の熱量を 19 ℃の低温熱源に移動する場合と 19.99 ℃の低温熱源に移動する場合の不可逆の程度を比較せよ．

（解）

過程 (1)　高温熱源 $\Delta S_h = -1000/293 = -3.413$ JK^{-1}
　　　　　低温熱源 $\Delta S_1 = 1000/292 = 3.425$ JK^{-1}
　　　　　全体では $\Delta S = \Delta S_h + \Delta S_1 = -3.413 + 3.425 = 0.012$ JK^{-1}

過程 (2)　高温熱源 $\Delta S_h = -1000/293 = -3.413$ JK^{-1}
　　　　　低温熱源 $\Delta S_2 = 1000/292.99 = 3.4131$ JK^{-1}
　　　　　全体では $\Delta S = \Delta S_h + \Delta S_2 = -3.413 + 3.4131 = 0.0001$ JK^{-1}

19 ℃の低温熱源への移動のほうが全体のエンタルピー増加が大きく、より不可逆的に進行する．

【問 6.10】 化学反応に伴うエントロピー変化

H$_2$(g)+Cl$_2$(g)→2HCl(g) の標準反応エントロピー（298 K，1 bar）を求めよ．ただし、HCl(g), H$_2$(g), Cl$_2$(g) の標準エントロピーは 186.9, 130.7, 223.1 JK^{-1}mol^{-1} である．

（解）

$\Delta S° = 2 \times 186.9 - 130.7 - 223.1 = 20.0$ JK^{-1}mol^{-1}

7 自由エネルギーと化学平衡

7.1 ヘルムホルツ自由エネルギーとギブズ自由エネルギー

熱力学第二法則によれば，エントロピー以外の熱力学状態関数が変化しない孤立系では，エントロピーが増える方向が自発変化の方向である．しかし，実際の多くの過程はエントロピー変化と同時に系と外界の間でエネルギー移動をともなうため（厳密な孤立系は宇宙全体のみである），自発変化の方向を決定するためには，エネルギー移動とエントロピー変化の両方を考慮に入れる必要がある．そこで，熱力学第一法則と第二法則を結合し，自由エネルギー（free energy）という新しい指標を導入する．

ある温度 T で外界と熱平衡にある系を考える．系と外界で熱としてのエネルギー移動があると，クラウジウスの不等式 (7.1) は，

$$dS \geq \frac{dQ}{T} \tag{7.1}$$

$$dS - \frac{dQ}{T} \geq 0 \tag{7.2}$$

と書ける．この変化について，わかりやすくするために，定積条件と定圧条件の2通りを考える．

定積条件においては，非膨張仕事がない場合は $dW=0$ なので，熱力学第一法則より $dU=dQ$ である．したがって，

$$dS - \frac{dU}{T} \geq 0 \tag{7.3}$$

このとき，内部エネルギー一定（$dU=0$）の孤立系の場合，$dS \geq 0$ となるので，自発変化は系のエントロピー変化が増加する方向であり，これまでの話と

矛盾しない．一方，開放系において系のエントロピー変化がない場合（$dS=0$），$dU<0$ でなければならない．このことは，外界のエントロピーが増加し，そのためには系から外界へ熱としてエネルギーが移動する（内部エネルギー $dU=dQ$ が減少する）のが自発的な変化であることを意味している．

定圧条件においては，$dQ=dH$ なので，

$$dS-\frac{dH}{T}\geq 0 \quad (7.4)$$

このときも上記と同様に，たとえば開放系でエントロピー変化がない場合（$dS=0$），$dH<0$ が自発的な変化であることを意味している．

以上の考察は，極端な例としてエントロピー変化とエネルギー変化の一方をゼロと仮定して，もう一方が自発変化に関係することを示すものであり，実際には両方が自発変化に寄与することが多い．ここで，両方の寄与をまとめて簡単に表現するために，以下の新しい熱力学関数を定義する．

$$A=U-TS \quad (7.5)$$
$$G=H-TS \quad (7.6)$$

A はヘルムホルツ自由エネルギー（Helmholtz free energy），G はギブズ自由エネルギー（Gibbs free energy）と呼ばれる．系の状態変化が定温で生じる場合，

$$dA=dU-TdS \quad (7.7)$$
$$dG=dH-TdS \quad (7.8)$$

なので，それぞれ両辺を（$-T$）で割って，式（7.3）および式（7.4）の左辺に代入すると，$dA\leq 0$，$dG\leq 0$ となる．エントロピーとエネルギーの両方の寄与を考慮した自発変化の方向が，A, G を指標として考えられることになる．ちなみに，ギブズ自由エネルギー変化 ΔG について整理すると，

$\Delta G<0$ であれば，その過程は自発的である．
$\Delta G=0$ であれば，系は平衡に達している．
$\Delta G>0$ であれば，その過程は自発的でない（逆過程が自発的である）．

Josiah Willard Gibbs, 1839.2.11-1903.4.28

7.2 最大仕事の原理

7.2.1 最大膨張仕事

式 (7.1) を変形した $TdS \geq dQ$ に，熱力学第一法則の変形式

$$dQ = dU - dW \tag{7.9}$$

を代入し，整理すると，

$$dU - TdS \leq dW \tag{7.10}$$

が得られる．温度一定のとき，

$$d(U - TS) \leq dW \tag{7.11}$$

であり，$A = U - TS$ なので，

$$dA \leq dW \tag{7.12}$$

の関係が得られる．系が外界になす仕事は $-W$ なので

$$-dA \geq -dW \tag{7.13}$$

であり，有限の変化の場合は

$$-\Delta A \geq -W \tag{7.14}$$

となる．したって，系がなす最大膨張仕事の値は $-\Delta A$ となる．膨張仕事が最大になるのは $TdS = dQ$ が成立する等温可逆条件であり，すでに6章で記述したように等温可逆過程における膨張仕事が最大であることと矛盾しない．

7.2.2 最大の非膨張仕事

熱力学第一法則において，仕事 W を膨張仕事 $-P\Delta V$ とその他の非膨張仕事 W_e（e は extra の意味．たとえば，燃料電池のような電気的仕事などが相当する）に分けて考えると，

$$dU = dQ + dW = dQ - PdV + dW_e \tag{7.15}$$

である．これに $TdS \geq dQ$ を代入して整理すると，

$$dU + PdV - TdS \leq dW_e \tag{7.16}$$

温度，圧力一定の条件（$dT = dP = 0$）において，$d(PV) = VdP + PdV = PdV$，$d(TS) = SdT + TdS = TdS$ なので，式 (7.16) は次式のように表現できる．

$$d(U + PV - TS) \leq dW_e \tag{7.17}$$

$H=U+PV$ であり，また $G=H-TS$ なので，
$$dG \leq dW_e \tag{7.16}$$
となる．したがって，有限の変化については，
$$\Delta G \leq W_e \tag{7.17}$$
であり，系が外界になす仕事は $-W_e$ なので，温度，圧力一定の条件において系がなす最大の非膨張仕事の値は $-\Delta G$ になる．温度，圧力一定の条件に加えて，$TdS=dQ$ が成立する等温可逆条件であれば $\Delta G=W_e$ となり，最大値を示すことになる．ちなみに，非膨張仕事がない場合は $\Delta G=0$ である．

7.3 標準ギブズ自由エネルギー

一般に化学反応は大気圧条件で行うことが多い．したがって，化学の分野では，体積一定よりも圧力一定の条件のもとで起こる変化に関心が高く，ある化学反応が自発的に進むかどうかを考える場合，ヘルムホルツ自由エネルギーよりもギブズ自由エネルギーを指標に用いるほうが一般的である．7.1節で述べたように，温度と圧力一定の条件において，ある化学反応の生成系から反応系へ進む場合のギブズ自由エネルギーが減少すれば自発的であり，増加すれば逆反応が自発的である．

温度，圧力一定では $dG=dH-TdS$ なので，有限の変化の場合，
$$\Delta G = \Delta H - T\Delta S \tag{7.18}$$
である．標準反応エンタルピー ΔH_r° と標準反応エントロピー ΔS_r° で表現すると，
$$\Delta G_r^\circ = \Delta H_r^\circ - T\Delta S_r^\circ \tag{7.19}$$
であり，ΔG_r° を標準反応ギブズ自由エネルギーと呼ぶ．また，エンタルピーの場合と同様に，標準反応ギブズ自由エネルギーは，標準生成ギブズ自由エネルギー ΔG_f° を用いて，以下のように表現することができる．
$$\Delta G_r^\circ = \sum \nu \, \Delta G_f^\circ \,(\text{生成系}) - \sum \nu \, \Delta G_f^\circ \,(\text{反応系}) \tag{7.20}$$
ここで，ν は化学量論係数である．

【例題 7.1】 次表の数値は，25℃（298.15 K），1 bar における値である．

この数値を用いて，以下の反応

$$H_2(g)+(1/2)O_2(g) \rightarrow H_2O(l)$$

の 25 ℃（298.15 K），1 bar における反応ギブズ自由エネルギー ΔG_r° を求めよ．

	$H_2(g)$	$O_2(g)$	$H_2O(l)$
ΔH_f° /kJ mol^{-1}	0	0	-285.83
ΔS_f° /J mol^{-1} K^{-1}	130.68	205.14	69.91

（解）

ΔH_r° /kJ $= -285.83 - 1/2 \times 0 = -285.83$

ΔS_r° /J K^{-1} $= 69.91 - (130.68 + 1/2 \times 205.14) = -163.34$

したがって，

$\Delta G_r^\circ = \Delta H_r^\circ - T\Delta S_r^\circ$

$= -285.83 \text{ kJ} - 298.15 \text{ K} \times (-0.16334 \text{ kJ K}^{-1})$

$= -237.13 \text{ kJ}$

7.4 化学反応の効率

燃料電池のように化学反応を電気エネルギーに変化するような非膨張仕事を考える．7.2.2 項で述べたように温度，圧力一定で可逆変化の場合，系が外界に対してなす最大の非膨張仕事は $-\Delta G$ である．$\Delta G = \Delta H - T\Delta S$ を変形して，$-\Delta H = -\Delta G - T\Delta S$ で考えると，$-\Delta H$ はある化学反応が持つ反応エネルギーであり，そのうち最大でも $-\Delta G$ 分しか仕事に変えられない．$-T\Delta S$ 分は束縛エネルギーとなり仕事に利用できないことを意味している（図 7.1 参照）．すなわち，化学反応を電気エネルギーに変換するような非膨張仕事の最大効率 η は，

$$\eta = \frac{-\Delta G}{-\Delta H} = \frac{\Delta G}{\Delta H} \quad (7.21)$$

で示される．

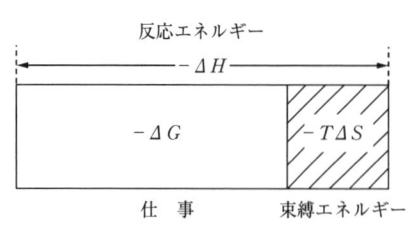

図 7.1 反応エネルギーと最大非膨張仕事との関係

たとえば，燃料電池の全電池反応：$H_2(g)+(1/2)O_2(g)\rightarrow H_2O(l)$ において，25℃，1 atm の条件において水が生成する場合の $-\Delta H=286$ kJ mol^{-1}，$-\Delta G=237$ kJ/mol であるので，$\eta=0.83$ となり，理論的には最大 83％の効率で化学エネルギーを電気エネルギーに変えることができることになる（水蒸気の生成の場合は，$\eta=0.95$）．

【コラム】

　熱機関を利用する発電システムでは，①燃料の化学エネルギーをいったん熱エネルギーに変換（燃焼）し，②その熱エネルギーをタービンを回すための機械エネルギーに変換した後，③電気エネルギーとする過程を経る．①，③の変換効率は通常 90％以上と高いが，②の効率は可逆熱機関の効率，すなわち最大効率が達成できるカルノーサイクルの効率が上限になる．カルノー効率については，前章で述べたように高温側の温度（T_1）と低温側の温度（T_2）によって $\eta=1-T_2/T_1$ で示される．火力発電所に用いられる蒸気タービン発電では，蒸気温度の上限は 600℃程度であり，低温は室温としても，$\eta=0.65$ が理論的な限界になる．このように熱力学的に比較すると，理論的には燃料電池のほうが高い効率を出せることがわかる．

7.5 熱力学的性質の相互関係

　熱力学第一法則は，組成一定の閉鎖系での可逆変化に対して，非膨張仕事がないとき，

$$dU=dQ+dW=TdS-PdV \tag{7.22}$$

である．一方，U が S と V の関数であると，その全微分は

$$dU=\left(\frac{\partial U}{\partial S}\right)_V dS+\left(\frac{\partial U}{\partial V}\right)_S dV \tag{7.23}$$

であり，式 (7.22) と式 (7.23) を比較すると，以下が導かれる．

$$T=\left(\frac{\partial U}{\partial S}\right)_V \qquad -P=\left(\frac{\partial U}{\partial V}\right)_S \tag{7.24}$$

すなわち，T は V 一定のときの U の S に対する変化の勾配，$-P$ は S 一定のときの U の V に対する変化の勾配である．

このような熱力学関数の関係式は，温度，圧力，体積といった直感できる物理的パラメータと抽象的な内部エネルギーやエントロピーといった熱力学関数の関係を示してくれる．

また，$A=U-TS$ の微分式に上式を代入すると，
$$dA = dU - TdS - SdT = -PdV - SdT \tag{7.25}$$
H や G の微分式では，下記のようになる．
$$dH = dU + PdV + VdP = TdS + VdP \tag{7.26}$$
$$dG = dH - TdS - SdT = VdP - SdT \tag{7.27}$$
以上より，以下の関係が得られる．

$$-P = \left(\frac{\partial A}{\partial V}\right)_T \qquad -S = \left(\frac{\partial A}{\partial T}\right)_V \tag{7.28}$$

$$T = \left(\frac{\partial H}{\partial S}\right)_P \qquad V = \left(\frac{\partial H}{\partial P}\right)_S \tag{7.29}$$

$$V = \left(\frac{\partial G}{\partial P}\right)_T \qquad -S = \left(\frac{\partial G}{\partial T}\right)_P \tag{7.30}$$

ところで，熱力学関数は状態関数であり，その変化は途中の経路によらない．数学的に考えると，状態関数 $F(x, y)$ の二次偏導関数は，どのような順序で微分しても同じであるという下記の数学の公理，完全微分に対する導関数の順序交換条件が適用できる．

$$\left\{\frac{\partial}{\partial x}\left(\frac{\partial F}{\partial y}\right)_x\right\}_y = \left\{\frac{\partial}{\partial y}\left(\frac{\partial F}{\partial x}\right)_y\right\}_x \tag{7.31}$$

したがって，式 (7.24)，(7.28) から式 (7.30) を用いて下記の関係をさらに導くことができ，これらをマックスウェルの関係式（Maxwell's relations）と呼ぶ．

$$\left\{\frac{\partial}{\partial V}\left(\frac{\partial U}{\partial S}\right)_V\right\}_S = \left\{\frac{\partial}{\partial S}\left(\frac{\partial U}{\partial V}\right)_S\right\}_V \text{より}, \quad \left(\frac{\partial T}{\partial V}\right)_S = -\left(\frac{\partial P}{\partial S}\right)_V \tag{7.32}$$

$$\left\{\frac{\partial}{\partial V}\left(\frac{\partial A}{\partial T}\right)_V\right\}_T = \left\{\frac{\partial}{\partial T}\left(\frac{\partial A}{\partial V}\right)_T\right\}_V \text{より}, \quad \left(\frac{\partial S}{\partial V}\right)_T = \left(\frac{\partial P}{\partial T}\right)_V \tag{7.33}$$

$$\left\{\frac{\partial}{\partial p}\left(\frac{\partial H}{\partial S}\right)_P\right\}_S = \left\{\frac{\partial}{\partial S}\left(\frac{\partial H}{\partial p}\right)_S\right\}_P \text{より}, \quad \left(\frac{\partial T}{\partial P}\right)_S = \left(\frac{\partial V}{\partial S}\right)_P \tag{7.34}$$

$$\left\{\frac{\partial}{\partial p}\left(\frac{\partial G}{\partial T}\right)_P\right\}_T = \left\{\frac{\partial}{\partial T}\left(\frac{\partial G}{\partial p}\right)_T\right\}_P \text{より}, \quad -\left(\frac{\partial S}{\partial P}\right)_T = \left(\frac{\partial V}{\partial T}\right)_P \tag{7.35}$$

マックスウェルの関係式は，気体，液体，固体のいずれにも適用でき，また

測定しやすい変数で熱力学関数を求めることができるなど，有用である．たとえば，エントロピーを直接測定することは困難であるが，マックスウェルの関係式（7.33）を用いて体積一定条件で温度に対する圧力変化を測定すれば，これを知ることができる．

【例題 7.2】 一定組成の閉鎖系の気体に関して，完全気体では $(\partial U/\partial V)_T = 0$ であることを熱力学的に証明せよ．また，ファンデルワールス気体ではどうなるか示せ．

（解）

$dU = TdS - PdV$ について，温度一定の条件で両辺を dV で割ると，

$(\partial U/\partial V)_T = T(\partial S/\partial V)_T - P$

が得られる．マックスウェルの関係式 $(\partial S/\partial V)_T = (\partial P/\partial T)_V$ を代入すると，

$(\partial U/\partial V)_T = T(\partial P/\partial T)_V - P$

完全気体では $P = nRT/V$ なので，$T(\partial P/\partial T)_V = T(nR/V) = P$

したがって，$(\partial U/\partial V)_T = P - P = 0$

一方，ファンデルワールス気体の状態方程式は

$P = nRT/(V - nb) - an^2/V^2$

で示される．したがって，

$(\partial P/\partial T)_V = nR/(V - nb)$

なので，

$(\partial U/\partial V)_T = nRT/(V - nb) - P = an^2/V^2$

7.6 ギブズ自由エネルギーの圧力，温度依存性

7.6.1 圧力依存性

式（7.27）より，温度一定のとき $dG = VdP$ である（あるいは，式（7.30）より $V = (\partial G/\partial P)_T$ である）．したがって，圧力変化に伴うギブズ自由エネルギーの値は，たとえば初圧 P_i から最終圧力 P_f までこの式を積分すればよい．完

全気体であれば,

$$\Delta G = \int_{P_i}^{P_f} V dP = \int_{P_i}^{P_f} \frac{nRT}{P} dP = nRT \ln\left(\frac{P_f}{P_i}\right) \tag{7.36}$$

となる.

7.6.2 温度依存性

定義より $G = H - TS$ であり,G と温度 T の間には式 (7.30) より $-S = (\partial G/\partial T)_P$ の関係がある.したがって,圧力一定のとき,

$$G = H + T\left(\frac{\partial G}{\partial T}\right)_P \tag{7.37}$$

となる.両辺を T で割って,

$$\frac{G}{T} = \frac{H}{T} + \left(\frac{\partial G}{\partial T}\right)_P \tag{7.38}$$

さらに G を含む項を左辺に集めると,

$$\frac{G}{T} - \left(\frac{\partial G}{\partial T}\right)_P = \frac{H}{T} \tag{7.39}$$

ところで,

$$\left\{\frac{\partial}{\partial T}\left(\frac{G}{T}\right)\right\}_P = \frac{1}{T}\left(\frac{\partial G}{\partial T}\right)_P + G\frac{d(1/T)}{dT}$$

$$= \frac{1}{T}\left(\frac{\partial G}{\partial T}\right)_P - \frac{G}{T^2}$$

$$= \frac{1}{T}\left\{\left(\frac{\partial G}{\partial T}\right)_P - \frac{G}{T}\right\} \tag{7.40}$$

なので,この右辺に式 (7.39) を代入すると,

$$\left\{\frac{\partial}{\partial T}\left(\frac{G}{T}\right)\right\}_P = -\frac{H}{T^2} \tag{7.41}$$

有限のエネルギー変化の形で表すと,

$$\left\{\frac{\partial}{\partial T}\left(\frac{\Delta G}{T}\right)\right\}_P = -\frac{\Delta H}{T^2} \tag{7.42}$$

が得られる.この式はギブズ-ヘルムホルツの式 (Gibbs-Helmholtz equation) と呼ばれ,ギブズ自由エネルギーとエンタルピーを関係づけることができる.さらに,$u = 1/T$, $du = -(1/T^2)dT$ の変数変換を行うと,

$$\left\{\frac{\partial(\Delta G/T)}{\partial(1/T)}\right\}_P = \Delta H \quad (7.43)$$

となり，図7.2のように $\Delta G/T$ と $1/T$ をプロットすると，ΔH が傾きに相当することになる．ある温度範囲で ΔH が一定と見なせれば，いろいろな温度での ΔG を近似的に求めることができる．

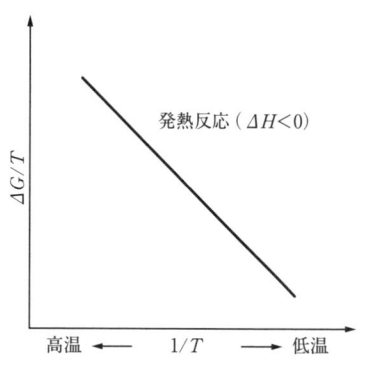

図7.2 圧力一定条件での $\Delta G/T$ と $1/T$ のプロット

7.7　化学ポテンシャル

これまでは，温度，圧力，体積といった物理的変数と系の変化の関係に注目してきた．しかし，化学反応では，物質の成分や量の変化を伴うため，これによるエネルギー変化も考えなければならない．

周囲と物質のやり取りができる開放系において，物質授受に伴うエネルギーを z とすると，熱力学第一法則の微分形は

$$dU = dQ + dW + dz \quad (7.44)$$

で示される．dz は物質量に依存するので，モル数変化 dn を用いて，

$$dz = \mu dn \quad (7.45)$$

とすると（係数 μ は化学ポテンシャル (chemical potential) と呼ばれる），可逆で，非膨張仕事がない場合，

$$dU = TdS - PdV + \mu dn \quad (7.46)$$

この式を式 (7.26)，(7.27) に代入し，dG について整理すると，

$$dG = -SdT + VdP + \mu dn \quad (7.47)$$

が得られる．

G の独立変数を T, P, n とすると，$G(T, P, n)$ の全微分は，

$$dG = \left(\frac{\partial G}{\partial T}\right)_{P,n} dT + \left(\frac{\partial G}{\partial P}\right)_{T,n} dP + \left(\frac{\partial G}{\partial n}\right)_{T,P} dn \quad (7.48)$$

で示される．式 (7.47) と右辺3項を比較すると，化学ポテンシャル μ の定義

$$\mu = \left(\frac{\partial G}{\partial n}\right)_{T,P} \tag{7.49}$$

が得られる.すなわち,化学ポテンシャル μ は T, P 一定のときの n に対する G の勾配である.

物質が複数成分あるときは,

$$dG = -SdT + VdP + \sum \mu_i dn_i \tag{7.50}$$

$$\mu_i = \left(\frac{\partial G}{\partial n_i}\right)_{T,P,n_j(j \neq i)} \tag{7.51}$$

である.どの成分の化学ポテンシャルなのかを区別するため,i 番目の物質量 n_i だけが変化して,他の成分の物質量 $n_j (j \neq i)$ は一定と定義している.式 (7.50) は,化学熱力学の基本方程式である.

G は,体積 V などと同じように,物質量を倍にすれば倍になる示量性状態量である.したがって,2 成分系を例にとると,

$$G(T, P, kn_1, kn_2) = kG(T, P, n_1, n_2) \tag{7.52}$$

であり,T, P 一定の場合

$$G(T, P, n_1, n_2) = n_1 \left(\frac{\partial G}{\partial n_1}\right)_{T,P,n_2} + n_2 \left(\frac{\partial G}{\partial n_2}\right)_{T,P,n_1} \tag{7.53}$$

と表すことができる.したがって,

$$G = n_1 \mu_1 + n_2 \mu_2 \tag{7.54}$$

純物質では,$G = n\mu$,すなわち

$$\mu = \frac{G}{n} \tag{7.55}$$

であり,物質量を n mol とすれば,化学ポテンシャルは 1 mol あたりのギブズ自由エネルギーである.

【コラム】

式 (7.46) から $\mu = (\partial U/\partial n)_{S,V}$ や,同様に $\mu = (\partial A/\partial n)_{S,V}$ や $\mu = (\partial H/\partial n)_{S,P}$ が導かれる.しかし,これらの場合は,変数に S や V などの示量性の状態量が含まれるので,それぞれの変数を一定にしない限り式 (7.55) のように表すことはできない.

7.8 気体の化学ポテンシャル

7.8.1 純物質の完全気体の化学ポテンシャル

式 (7.36) における初期状態を標準状態 ($P°=1\,\mathrm{bar}$) とすると，ある圧力 P でのギブズ自由エネルギーは，ある一定温度 T において，

$$\Delta G = nRT \ln\left(\frac{P}{P°}\right) \tag{7.56}$$

と表される．したがって，$\Delta G = G(T,P) - G(T,P°)$ を代入し，両辺を n で割り，化学ポテンシャルで整理すると

$$\mu(T,P) = \mu(T,P°) + RT \ln\left(\frac{P}{P°}\right) \tag{7.57}$$

と表現できる．$\mu(T,P°)$ を $\mu°$ で表し，標準化学ポテンシャルと呼ぶ．

7.8.2 実在気体の化学ポテンシャル

実在気体では，化学ポテンシャル μ と圧力 P の関係は式 (7.57) のようにはならない．図 7.3 に示すように，非常に低い圧力では完全気体のように振る舞うが，圧力が上昇するにつれて分子間引力が働き，ある化学ポテンシャルを与える圧力は実在気体のほうが高くなる．さらに高圧になると，反発力が優勢となり，ある化学ポテンシャルを与える圧力は実在気体のほうが低くなる．このような実在気体に対する実効的な圧力をフガシティ f (fugacity) と呼び，下記のように定義する．

$$f = \phi P \tag{7.58}$$

ここで，ϕ はフガシティー係数 (fugacity coefficient) であり，単位は無次元である (f は圧力の単位を持つ)．実在気体について，化学ポテンシャル μ を圧力と関係づけるためには，式 (7.57) の P を f で置き換えなければならない．すなわち，

$$\mu = \mu° + RT \ln\left(\frac{f}{P°}\right) \tag{7.59}$$

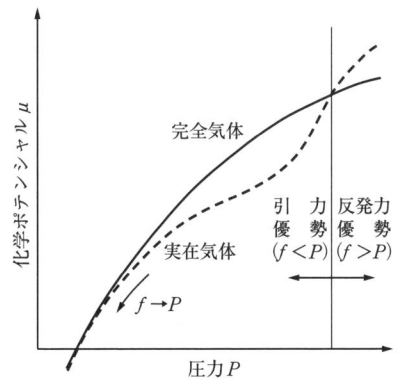

図 7.3 完全気体と実在気体の化学ポテンシャルの圧力依存性

さらに式 (7.58) を代入して，

$$\mu = \mu^\circ + RT \ln\left(\frac{P}{P^\circ}\right) + RT \ln\phi \qquad (7.60)$$

となる．$RT \ln\phi$ の項が理想性からのずれを示し，$P \to 0$ のとき，$f \to P$，$\phi \to 1$ となり，低圧では完全気体のように振る舞うようになる．

7.9 化 学 平 衡

　平衡には，石ころが丘の上から転げ落ちて谷底で静止した場合のように，あるところで動きがなくなった静的平衡と，たえず反応は起こっているが見かけ上変化がない動的平衡に大別される．化学反応で扱う平衡は後者である．正反応と逆反応の反応速度が等しくなると，それぞれの反応は起こっているものの，見かけ上は生成物と反応物の物質量は変わらない状態となり，いわゆる"化学平衡"にあることになる．化学反応が自発的に進行するかどうか，平衡状態にあるかどうか，というのは，7.1，7.3 節で説明したように ΔG を用いて考えることになる．ここでは，反応がどの程度進行するのか，どういう状態（組成）になると化学平衡になるのか，について考える．

　反応の進行を表す尺度として反応進行度 ξ を定義する．化学反応式中の化学種 i について，反応開始時の物質量を $n_{i,0}$，ある時間経過後の物質量を n_i とすると，

$$\xi = \frac{(n_i - n_{i,0})}{\nu_i} \qquad (7.61)$$

である．ν_i は化学量論係数であり，生成物に対しては正，反応物に対しては負の値であり，ξ は反応式中のどの化学種で表しても同じ値になる．微小の変化の場合は，式 (7.61) の微分形より

$$dn_i = \nu_i d\xi \qquad (7.62)$$

である．したがって，T, P が一定の場合，式 (7.50) より

$$dG = \sum \mu_i dn_i = \sum \mu_i \nu_i d\xi \qquad (7.63)$$

$$\left(\frac{\partial G}{\partial \xi}\right)_{T,P} = \sum \mu_i \nu_i \qquad (7.64)$$

である．式 (7.20) で示したように，反応ギブズ自由エネルギー ΔG_r は，反応系と生成系の生成ギブズ自由エネルギー ΔG_f の差である．前節で述べたよう

に T, P 一定のとき，ΔG_f は化学ポテンシャルと同じであるから，式 (7.64) は ΔG_r と関係づけられる．

$$\Delta G_r = \left(\frac{\partial G}{\partial \xi}\right)_{T,P} \tag{7.65}$$

上記を A $\rightleftarrows$ B の単純な系で考えると，ν_A は -1，ν_B は 1 なので，

$$dG = \mu_A dn_A + \mu_B dn_B = -\mu_A d\xi + \mu_B d\xi = (\mu_B - \mu_A)d\xi \tag{7.66}$$

$$\Delta G_r = \mu_B - \mu_A \tag{7.67}$$

となる．

系のギブズ自由エネルギーと反応進行度の関係を図7.4に示す．反応は系のギブズ自由エネルギーが減少する方向に進行し，このときの勾配は負 ($\Delta G_r < 0$) である．化学平衡は，その勾配がゼロのところ ($\Delta G_r = 0$)，すなわち，図7.4の谷底に対応することになる．

さて，7.8節で述べたように，気体の化学ポテンシャルは圧力の関数で示される．式 (7.67) で A, B が完全気体であるとき，式 (7.57) を代入して，

$$\Delta G_r = \mu_B - \mu_A$$
$$= \left\{\mu_B° + RT \ln\left(\frac{P_B}{P°}\right)\right\} - \left\{\mu_A° + RT \ln\left(\frac{P_A}{P°}\right)\right\}$$
$$= (\mu_B° - \mu_A°) + RT \ln\left(\frac{P_B}{P_A}\right)$$
$$= \Delta G_r° + RT \ln\left(\frac{P_B}{P_A}\right) \tag{7.68}$$

と書くことができる．右辺第2項の分圧の比は，反応の進行具合に依存し，これを反応比 Q で表すと，

$$\Delta G_r = \Delta G_r° + RT \ln Q \tag{7.69}$$

を得る．反応ギブズ自由エネルギーと反応の進行に伴って変化する組成がこの式で関係づけられることになる．

ところで，化学平衡のとき $\Delta G_r = 0$ なので，

$$0 = \Delta G_r° + RT \ln Q \tag{7.70}$$

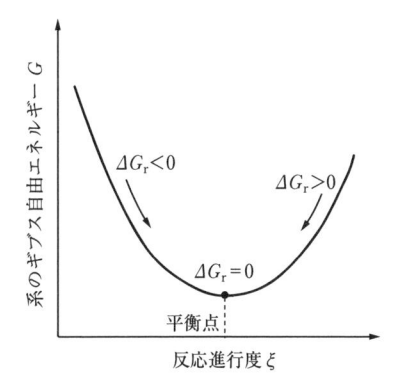

図7.4 系のギブズ自由エネルギーと反応進行度の関係

温度一定のもとでは，ΔG_r° は一定の値となるので，Q も化学平衡時は一定である．ここで，Q を新しい記号 K を用いて表し，平衡定数（厳密には，熱力学的平衡定数（thermodynamic equilibrium constant））と呼ぶ．K は，ある化学反応が化学平衡状態にあるときの特定の分圧比を示す．したがって，

$$\Delta G_r^\circ = -RT \ln K \tag{7.71}$$

であり，これは化学熱力学で最も重要な式の一つである．

上記は，話を簡単にするため，単純な A $\rightleftarrows$ B の反応を考えたが，いろいろな反応に拡張するために，次の反応式で整理する．

$$a\mathrm{A} + b\mathrm{B} \rightleftarrows c\mathrm{C} + d\mathrm{D} \tag{7.72}$$

ここで，A，B，C，D は化学種であり，a，b，c，d は化学量論係数である．式 (7.63)，(7.65) より，

$$dG = (c\mu_\mathrm{C} + d\mu_\mathrm{D} - a\mu_\mathrm{A} - b\mu_\mathrm{B})d\xi \tag{7.73}$$

$$\Delta G_r = (c\mu_\mathrm{C} + d\mu_\mathrm{D} - a\mu_\mathrm{A} - b\mu_\mathrm{B}) \tag{7.74}$$

なので，

$$K = \frac{P_\mathrm{C}^c \times P_\mathrm{D}^d}{P_\mathrm{A}^a \times P_\mathrm{B}^b} \tag{7.75}$$

となる．式 (7.74) のように反応に伴うギブズ自由エネルギー変化は各成分の化学ポテンシャルに化学量論係数を乗じたものの差であり，気体の化学ポテンシャルは式 (7.57) のように圧力の対数の関数である．したがって，反応比 Q や平衡定数 K を示す分圧比には，式 (7.75) のように各成分の圧力に化学量論係数が指数として関係することに注意されたい．

7.10 いろいろな平衡定数

式 (7.71) で示されるように，化学反応について，ある温度での標準反応ギブズ自由エネルギー ΔG_r° がわかれば，その温度における平衡組成がわかることになる．多くの物質の標準生成ギブズ自由エネルギー ΔG_f° は便覧などに記載されている熱力学データから調べることができるので，ΔG_r° や K，さらには平衡におけるある成分のモル分率や解離度を計算して求めることができる．

ここで，平衡定数と組成を示す変数（圧力，濃度，モル分率など）との関係を整理する．現実の反応系において，式 (7.71) により熱力学的平衡定数 K として直接に ΔG_r° と関連づけられる組成の変数は，気相反応の場合はフガシ

ティー f である（次章で述べるが，溶液の場合は活量である）．したがって，式 (7.72) の反応を例にとると，

$$K = \frac{f_C{}^c \times f_D{}^d}{f_A{}^a \times f_B{}^b} \qquad (7.76)$$

であり，各成分の f は標準圧力で除しているので，K は無次元の数である．式 (7.58) の定義より

$$K = \left(\frac{P_C{}^c \times P_D{}^d}{P_A{}^a \times P_B{}^b}\right) \times \left(\frac{\phi_C{}^c \times \phi_D{}^d}{\phi_A{}^a \times \phi_B{}^b}\right)$$

$$= K_p \left(\frac{\phi_C{}^c \times \phi_D{}^d}{\phi_A{}^a \times \phi_B{}^b}\right) \qquad (7.77)$$

であり，常に圧平衡定数 $K_p = K$ となるためには，フガシティー係数 $\phi = 1$ でなければならない．すなわち完全気体の場合に限られる．一般には，低い圧力において完全気体を仮定して近似する．

一方，完全気体のモル濃度 $C_i (= n_i/V_i = P_i/(RT))$ で表した平衡定数 K_C では，

$$K_C = \left(\frac{C_C{}^c \times C_D{}^d}{C_A{}^a \times C_B{}^b}\right) = \left(\frac{\{P_C/(RT)\}^c \times \{P_D/(RT)\}^d}{\{P_A/(RT)\}^a \times \{P_B/(RT)\}^b}\right)$$

$$= \left(\frac{P_C{}^c \times P_D{}^d}{P_A{}^a \times P_B{}^b}\right) \times \left(\frac{1}{RT}\right)^{(c+d)-(a+b)}$$

$$= K_p (RT)^{-\Delta n} \qquad (7.78)$$

なので，化学反応におけるモル数変化 $\Delta n (= (c+d) - (a+b))$ を考慮して，K_p や K，ΔG_r° と関係づけなければならない．

圧平衡定数を各成分のモル分率 x_i で表すと，$P_i = x_i P_{全圧}$ なので，

$$K_x = \left(\frac{x_C{}^c \times x_D{}^d}{x_A{}^a \times x_B{}^b}\right) = \left\{\frac{(P_C/P_{全圧})^c \times (P_D/P_{全圧})^d}{(P_A/P_{全圧})^a \times (P_B/P_{全圧})^b}\right\}$$

$$= K_p \times P^{-\Delta n} \qquad (7.79)$$

となる．各成分のモル数で平衡を考える場合，モル数変化 $\Delta n (= (c+d) - (a+b))$ や全圧を考慮しなければならない．

【例題 7.3】 $N_2O_4(g) \rightleftharpoons 2NO_2(g)$ の気相反応において，25℃，全圧 $P =$

1.0 bar の条件で平衡状態にしたところ，N_2O_4 の 20% が解離していた（解離度 $\alpha=0.20$）．25 ℃における N_2O_4 のモル分率を求めよ．また，右へ進む反応の 25 ℃での標準反応ギブズ自由エネルギー ΔG_r° を求めよ．

（解）

n モルの $N_2O_4(g)$ からスタートして平衡になったとすると，平衡時の各成分のモル数は，$N_2O_4(g)$ は $n(1-\alpha)$，$NO_2(g)$ は $2n\alpha$，全体のモル数は $n(1+\alpha)$ なので，$N_2O_4(g)$ のモル分率 $x(N_2O_4)$ は，

$x(N_2O_4) = (1-\alpha)/(1+\alpha) = 0.8/1.2 = 0.67$

完全気体なので，熱力学的平衡定数 K はそれぞれの分圧により表され，

$K = P(NO_2)^2/P(N_2O_4)$

$= \{P_{全圧} \times 2\alpha/(1+\alpha)\}^2 / \{P_{全圧}(1-\alpha)/(1+\alpha)\}$

$= 4\alpha^2 P_{全圧}/(1-\alpha^2)$

$= 4 \times 0.2^2 \times 1.0/(1-0.2^2) = 0.16/0.96 = 0.167$

したがって，

$\Delta G_r^\circ = -RT \ln K = +4.44 \text{ kJ}$

7.11 平衡に対する外部条件の影響

平衡状態において圧力や温度などの外部条件が変化すると，ル・シャトリエの原理により，系はその外部からの撹乱の効果を最小にするように変化する．このことは，化学熱力学的にどのように説明できるのか，以下で考察する．

7.11.1 平衡に対する圧力の影響

式（7.71）で表されるように，熱力学的平衡定数 K は，標準状態の反応ギブズ自由エネルギー ΔG_r° に依存するので，圧力に依存しない．しかしながら，下記反応のように反応の進行によって全圧が変わるような場合は，ル・シャトリエの原理より，平衡系に圧力を加えると圧力を減ずる方向に平衡はシフトすると考えられる．

$$N_2(g) + 3H_2(g) \rightleftharpoons 2NH_3(g) \qquad (7.80)$$

一見矛盾しているようであるが，これは熱力学的平衡定数 K が必ずしも組成

のみで示される定数でないことによる．式 (7.80) の反応式におる熱力学平衡定数 K は，完全気体を仮定すると，式 (7.79) より

$$K = \frac{(P_{NH_3})^2}{P_{N_2} \times (P_{H_2})^3} = \frac{(x_{NH_3})^2 \times (P_{全圧})^2}{x_{N_2} \times (x_{H_2})^3 \times (P_{全圧})^4} = K_x \times (P_{全圧})^{-2} \quad (7.81)$$

のように，モル分率 x_i で示される平衡定数 K_x や全圧 P と関係づけられる．すなわち，組成は K_x に依存するため，K 一定であっても全圧 P が変化すれば K_x はその分変化することになる．たとえば，全圧を 2 倍にすると，K を一定にするためには K_x は 4 倍になる．つまり，圧力が減少する方向（右矢印の方向）に組成は変化することになる．

7.11.2 平衡に対する温度の影響

式 (7.71) を変形し，温度 T で微分すると

$$\ln K = -\frac{\Delta G_r^\circ}{RT} \quad (7.82)$$

$$\frac{d \ln K}{dT} = \frac{1}{R} \frac{d(\Delta G_r^\circ/T)}{dT} \quad (7.83)$$

である．一方，式 (7.42) のギブズ-ヘルムホルツの式を標準状態（1 bar）の ΔG_r°, ΔH_r° に適用すると，

$$\frac{d}{dT}\left(\frac{\Delta G_r^\circ}{T}\right) = -\frac{\Delta H_r^\circ}{T^2} \quad (7.84)$$

と表され，これを式 (7.83) に代入すると，

$$\frac{d \ln K}{dT} = \frac{\Delta H_r^\circ}{RT^2} \quad (7.85)$$

で示されるファントホッフの式（van't Hoff equation）が得られる．この式より，圧力一定条件での平衡状態への温度の影響が議論できる．すなわち，ΔH_r° が負（発熱反応）のとき，温度が上昇すると K は小さくなる．つまり，平衡は反応系側へシフトする．ΔH_r° が正（吸熱反応）のとき，温度が上昇すると K は大きくなり，平衡は生成系側へシフトすることがわかる．このことは，ル・シャトリエの原理による定性的な説明と一致する．

ファントホッフの式では，その影響をさらに定量的に議論できる．式 (7.85) について $u=1/T$, $du=-(1/T^2)dT$ の変数変換を行うと，

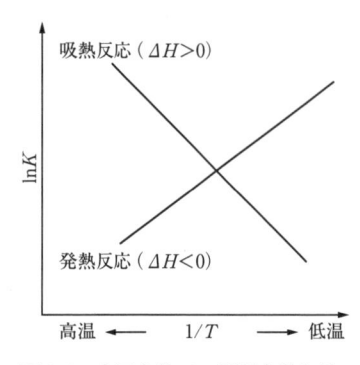

図7.5 定圧条件での平衡定数と温度の関係（$\ln K$ vs. $1/T$）

$$\frac{d\ln K}{d(1/T)} = -\frac{\Delta H_r^\circ}{R} \quad (7.86)$$

が得られる．ある温度範囲で ΔH_r° が温度によらず一定の場合，式 (7.85) の不定積分は $\ln K = -\Delta H_r^\circ/(RT) + A$（積分定数）となり，図7.5のように $\ln K$ を $1/T$ に対してプロットすると，その勾配が $-\Delta H_r^\circ/R$ となる．したがって，ある温度 T_1 での平衡定数 K_1 と ΔH_r° が与えられれば，ΔH_r° が一定と見なせる温度範囲（$T_1 \sim T_2$）において式 (7.86) を定積分した下記の式より，任意の温度 T_2 での平衡定数 K_2 を知ることができる．

$$\ln K_2 - \ln K_1 = -\frac{\Delta H_r^\circ}{R}\left(\frac{1}{T_2} - \frac{1}{T_1}\right) \quad (7.87)$$

【例題 7.4】 $N_2O_4(g) \rightleftharpoons 2NO_2(g)$ の気相反応において，25℃における $N_2O_4(g)$ と $NO_2(g)$ の標準生成エンタルピー ΔH_f° は，それぞれ +9.16 kJ mol^{-1} および +33.18 kJ mol^{-1} である．右へ進む反応の 25℃での標準反応エンタルピー ΔH_r° を求めよ．また，100℃における熱力学的平衡定数 K を求めよ．ただし，気体は完全気体と仮定し，25℃における熱力学的平衡定数として演習問題 7.3 の結果を用いよ．また，ΔH_r° は温度に依存せず一定とせよ．

（解）

$\Delta H_r^\circ = 2\Delta H_f^\circ(NO_2) - \Delta H_f^\circ(N_2O_2) = 2 \times 33.18 - 9.16 = 57.2$ kJ

ファントホッフの式より

$d\ln K/d(1/T) = -\Delta H_r^\circ/R$

よって，25℃および100℃における温度 T，熱力学的平衡定数 K を，それぞれ T_1 および T_2，K_1 および K_2 とすると

$\ln(K_2/K_1) = -\Delta H_r^\circ/R\,(1/T_2 - 1/T_1)$

$\ln K_2 = \ln K_1 - 57.2$ kJ$/8.31$ JK$^{-1}(1/373\text{K} - 1/298\text{K}) = -1.7897$

$K_2 = 17.4$

7.12 相 平 衡

これまでの化学平衡は，化学反応式の上での平衡を取り上げてきた．ここでは，液体が蒸発して気体になるように，状態が変化する場合の平衡（相平衡）について述べる．

7.12.1 相 転 移

全体にわたって化学組成が一定で，物理的状態が一様なものを"相（phase）"と呼ぶ．相の例として，固相，液相，気相がある．液体や気体は複数の成分があっても均一な状態をとっていれば，1つの相と見なせる．また，固体の場合は，1成分の物質であっても，黄リンや黒リンのように結晶構造が異なるものは別の固相として区別する．

ところで，純物質の物理的状態は，温度や圧力によって変化する．たとえば，大気圧（1 atm）条件では，水（液相）は0℃で凝固して氷（固相）になり，また100℃（373.15 K）で沸騰して水蒸気（気相）になる．このようにある相から別の相へ変化することを相転移（phase transition）と呼ぶ．また，その温度を転移温度（transition temperature）と呼ぶ．水から水蒸気へ相転移するときの温度が沸点であり，厳密には1 atmでの沸点（通常沸点）は100℃であるが，1 barでの沸点（標準沸点）は99.6℃である．氷から水への転移の温度は融点であり，これも厳密には上記のような使い分けが必要である．いずれにせよ，物質の状態は温度のみでなく，圧力にも依存する．図7.6に，圧力，温度と相の状態の関係（相図）を示す．この相図は，圧力を制御するために閉じた容器の中での状態変化を示していることに注意されたい．相の領域を分ける線を相境界，固相と液相，気相の全部が同時に平衡で共存する条件を三重点（triple point）と呼ぶ．また，純物質が入っている閉じた容器内において，ある温度，ある圧力で凝縮相（固相や液相）

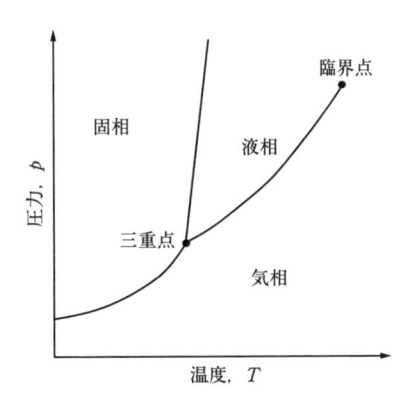

図7.6 純物質の一般的な相図
（圧力，温度と相の状態の関係）

と気相の間で平衡になったところの蒸気の圧力をその物質の蒸気圧と呼ぶ．閉じた容器では，温度上昇とともに，平衡にある気相の蒸気圧および蒸気密度が連続的に増加するため，いわゆる沸騰という現象は生じない（開放系では，液相からいくら蒸発しても気相の蒸気密度の変化は無視できる．したがって温度上昇とともに，液体表面の蒸発から液体の中まで全体にわたって自由に蒸発できる状態となり，蒸気が外界へ向かって膨張するために沸騰という現象が起きる）．温度上昇により液相の密度は少し減少し，さらに温度を上昇させ続けると，いずれ蒸気密度と液体の密度が等しくなり，液相と気相の界面が消失する段階に到達する．その点を臨界点（critical point），その温度，圧力を臨界温度，臨界圧力と呼ぶ．この温度，圧力以上で生じる均一な相が超臨界流体である．

上述したように，ある特定の温度と圧力において，相と相の間に平衡状態が生じる．圧力，温度が一定の場合，式 (7.50) は

$$dG = \sum \mu_i \, dn_i \tag{7.88}$$

で示され，平衡では $dG=0$ なので，

$$\sum \mu_i \, dn_i = 0 \tag{7.89}$$

を得る．簡単のために，α 相と β 相の 2 相間の平衡を考えると，

$$\mu_\alpha dn_\alpha + \mu_\beta dn_\beta = 0 \tag{7.90}$$

であり，α 相と β 相の間で移動する物質量の絶対値は同じであるので，仮に α 相から β 相へ dn の移動が起きて平衡になったとすると，

$$(\mu_\beta - \mu_\alpha) dn = 0 \tag{7.91}$$

なので，α 相と β 相の間で平衡になるためには，ある特定の温度 T，圧力 P において

$$\mu_\alpha(T, P) = \mu_\beta(T, P) \tag{7.92}$$

でなければならない．すなわち，各相を構成する同一成分の化学ポテンシャルは等しい．

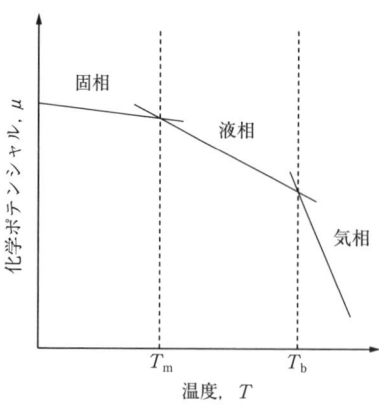

図 7.7 圧力一定条件における純物質の化学ポテンシャルと温度の関係

図 7.7 は，圧力一定のときの化学ポテンシャル μ と温度 T の関係を示す

概念図である．固相，液相，気相のそれぞれの μ-T 線の交点において化学ポテンシャルが一致し，相平衡にある．すなわち，そのときの温度が融点（T_m），沸点（T_b）に相当する．また，1 mol あたりのエントロピーを $\overline{S}$ で表すと，圧力一定では，$(\partial G/\partial T)_P = -S$ より $(\partial \mu/\partial T)_P = -\overline{S}$ であり，気体，液体，固体を比較すると一般に $\overline{S}(g) > \overline{S}(l) > \overline{S}(s)$ なので，化学ポテンシャルの温度に対する負の勾配は，固体よりも液体，液体よりも気体のほうが大きくなる．

7.12.2 相 境 界

ある特定の温度と圧力で α 相と β 相が平衡にある関係は，式 (7.92) で示される．その状態から温度，圧力が微小変化して境界線上の別の状態へ変化した場合，その新たな条件においても式 (7.92) は成立する．したがって，その化学ポテンシャルの微小変化量も α 相と β 相間で等しくなければならないので，

$$d\mu_\alpha = d\mu_\beta \tag{7.93}$$

である．温度，圧力の微小変化を dT, dP で表すと，式 (7.27) より各相に対して，

$$d\mu = -\overline{S}dT + \overline{V}dP \tag{7.94}$$

である．$\overline{S}$, $\overline{V}$ はモルエントロピー，モル体積である．したがって，式 (7.93) より，

$$-\overline{S}_\alpha dT + \overline{V}_\alpha dP = -\overline{S}_\beta dT + \overline{V}_\beta dP \tag{7.95}$$

であり，dP, dT で整理すると，

$$(\overline{V}_\beta - \overline{V}_\alpha)dP = (\overline{S}_\beta - \overline{S}_\alpha)dT \tag{7.96}$$

$$\frac{dP}{dT} = \frac{\overline{S}_\beta - \overline{S}_\alpha}{\overline{V}_\beta - \overline{V}_\alpha} = \frac{\Delta_{trs}S}{\Delta_{trs}V} \tag{7.97}$$

を得る．この式はクラペイロンの式（Clapeyron equation）と呼ばれ，ΔS_{trs} と ΔV_{trs} はそれぞれ転移時のモルエントロピー差とモル体積差である．この式は，図 7.6 の相境界の勾配を表す式であり，純物質のどの相平衡にも成り立つ．

相平衡における転移に関して，

$$\Delta G_{trs} = \Delta H_{trs} - T\Delta S_{trs} = 0 \tag{7.98}$$

が成立するので，

$$\Delta S_{\text{trs}} = \frac{\Delta H_{\text{trs}}}{T} \quad (7.99)$$

である．したがって，クラペイロンの式は

$$\frac{dP}{dT} = \frac{\Delta H_{\text{trs}}}{T \Delta V_{\text{trs}}} \quad (7.100)$$

と書ける．一般に，蒸発や昇華のエンタルピーは融解エンタルピーよりも大きいが，固相-気相や液相-気相の相平衡におけるモル体積変化は非常に大きいため，図7.6に示すように固相-液相境界線の勾配はより急峻となる．また，一般に昇華エンタルピーは蒸発エンタルピーより大きいので，三重点付近での固相-気相境界線の勾配は液相-気相境界線の勾配より急になる．

7.12.3 気相との相境界線

相境界線上の点は，ΔH_{trs} と ΔV_{trs} が温度と圧力によらず一定と仮定すると，下記のように積分して表すことができる．温度が T_i から T_f，圧力が P_i から P_f へ変化する場合，

$$\int_{P_i}^{P_f} dP = \frac{\Delta H_{\text{trs}}}{\Delta V_{\text{trs}}} \int_{T_i}^{T_f} \frac{1}{T} dT \quad (7.101)$$

ゆえに

$$P_f - P_i = \Delta P = \frac{\Delta H_{\text{trs}}}{\Delta V_{\text{trs}}} \ln \frac{T_f}{T_i} \quad (7.102)$$

気相との相変化の場合は，簡単な近似を行うことができる．気相のモル体積 ($\overline{V}(\text{g})$) は，固相や液相の凝縮相の体積と比べて非常に大きい ($\overline{V}(\text{g}) \gg \overline{V}(\text{l})$, $\overline{V}(\text{s})$) ため，蒸発や昇華での凝縮相のモル体積を無視しても誤差は小さい．たとえば，気液平衡の場合は，$\Delta V_{\text{trs}} = \overline{V}(\text{g}) - \overline{V}(\text{l}) \approx \overline{V}(\text{g})$ と近似できる．この場合，

$$\frac{dP}{dT} = \frac{\Delta H_{\text{trs}}}{T \overline{V}(\text{g})} \quad (7.103)$$

であり，完全気体を仮定すると，$\overline{V} = RT/P$ なので

$$\frac{dP}{dT} = \frac{\Delta H_{\text{trs}}}{T(RT/p)} \quad (7.104)$$

となる．$dx/x = d \ln x$ より，

$$\frac{d\ln P}{dT} = \frac{\Delta H_{\text{trs}}}{RT^2} \tag{7.105}$$

を得る．これはクラウジウス–クラペイロンの式（Clausius–Clapeyron equation）と呼ばれる．(P_i, T_i) から (P_f, T_f) の条件の範囲で ΔH_{trs} が一定と仮定して積分すると，

$$\ln\left(\frac{P_\text{f}}{P_\text{i}}\right) = -\frac{\Delta H_{\text{trs}}}{R}\left(\frac{1}{T_\text{f}} - \frac{1}{T_\text{i}}\right) \tag{7.105}$$

となり，気相との平衡の境界を示す曲線が得られる．

【例題 7.5】 水銀の標準沸点（圧力 1 bar 条件）は 629 K である．529 K における水銀の蒸気圧を求めよ．ただし，水銀の蒸発熱は 58.7 kJ mol^{-1} で一定とし，蒸気は完全気体を仮定せよ．

（解）

クラウジウス–クラペイロンの式より，

$\ln(P_{529\text{K}}/P_{629\text{K}}) = -58.7$ kJ mol^{-1}/8.314 Jmol^{-1}K^{-1} × (1/529 K − 1/629 K)

よって，

$\ln P_{529\text{K}} = -7060.4$ K × (0.00189 K^{-1} − 0.00159 K^{-1})

$\qquad = -2.118$

$P_{529\text{K}} = 0.12$ bar

である．529 K における水銀の蒸気圧の実測値は 86.944 mmHg であり，1 bar = 1×10^5 Pa，1 mmHg = 133.322 Pa から換算すると，$P_{529\text{K}} = 90$ mmHg なので，ほぼ近い値である．

演 習 問 題

【問 7.1】 ギブズ自由エネルギー

350 K の一定温度条件において，完全気体の圧力が 10 倍になる変化が起きた．このときのモルギブズ自由エネルギー $\Delta \overline{G}$ はいくらか．

（解）

温度一定のとき $dG = VdP$ であり，完全気体の圧力が P_i から P_f に変化する

とき，

$\Delta G = nRT \ln(P_f/P_i)$

である．したがって，モルギブズ自由エネルギー $\Delta \overline{G}$ は

$\Delta \overline{G} = 8.31 \text{ J K}^{-1} \text{ mol}^{-1} \times 350 \text{ K} \times \ln 10$

$= 6.697 \text{ kJ mol}^{-1}$

$\approx 6.70 \text{ kJ mol}^{-1}$

【問 7.2】 平衡定数

$C_3H_8(g) \rightleftharpoons C_3H_6(g) + H_2(g)$ の反応について，1000 K での平衡定数 K は 3.11 である．

(1) 1000 K における上記反応の標準反応ギブズ自由エネルギーを求めよ．

(2) ある密閉容器に 2 mol の $C_3H_8(g)$ のみを入れ，1000 K で平衡状態にしたところ，全圧が 1 atm になった．このときの $C_3H_8(g)$ の解離度 α を求めよ．

(解)

(1) $\Delta G_r^\circ = -RT \ln K$ より，$\Delta G_r^\circ = -9.43 \text{ kJ mol}^{-1}$

(2) 平衡時において，$C_3H_8 : 2(1-\alpha)$ mol，$C_3H_6 : 2\alpha$ mol，$H_2 : 2\alpha$ mol，全モル数：$2+2\alpha$ mol

したがって，$P_{全圧}$ のとき，

$K = \{2\alpha/(2+2\alpha)\}^2 \times (P_{全圧})^2 / [\{2(1-\alpha)/(2+2\alpha)\} \times P_{全圧}] = \alpha^2/(1-\alpha^2) \times P_{全圧}$

$P_{全圧} = 1$ atm のとき，$K = 3.11 = \alpha^2/(1-\alpha^2)$，$\alpha = 0.87$

【問 7.3】 相平衡

本文中の図 7.7 を用いて，圧力を上げると，一般に融点が上昇することを説明せよ．

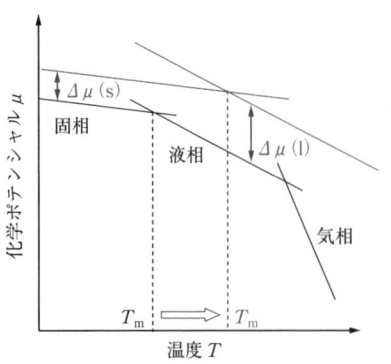

(解)

$(\partial \mu/\partial p)_T = \overline{V}$ なので，温度一定のときの化学ポテンシャルの圧力の依存性は，モル体積で示される．一般に，$\overline{V}(l) > \overline{V}(s)$ なので，圧力変化による化学ポテンシャルの変化は，図に示すように，$\Delta \mu(l) > \Delta \mu(s)$ となる．融点

(T_m) は，各相の μ-T の交点になるので，圧力を上げると一般に融点 (T_m) は上昇することになる．

【問 7.4】 クラペイロンの式

氷に圧力をかけて通常融点 0℃ から -1 ℃ に融点を低下させた．このとき，氷にいくらの圧力がかかっているか求めよ．融解エンタルピー $\Delta H_{fus} = 6.01$ kJ mol^{-1}，融解に伴う体積変化 $\Delta V_{fus} = -1.70$ cm^3 mol^{-1} とし，これらは同条件において一定とおいて計算せよ．101.33 J = 1 l atm である．

(解)

クラペイロンの式から得た式 (7.100) より，変数分離して積分すると，

$P_f - P_i = \Delta H_{melt} / \Delta V_{melt} \ln(T_f/T_i)$

  $= 6.01$ kJ mol^{-1}/$(-1.70 \times 10^{-3}$ l mol$^{-1})\ln(272.15$ K/273.15 K$)$

  $= 1.30 \times 10^4$ J l^{-1}

  $= 1.28 \times 10^2$ atm

よって，

$P_f = 1.29 \times 10^2$ atm

【問 7.5】 クラウジウス-クラペイロンの式

1.00 atm における水の沸点（通常沸点）は 373 K である．370 K で水が沸騰するときの圧力はいくらか．ただし，水蒸気は完全気体と仮定し，水の体積は無視して考えよ．水の蒸発熱は温度によらず 40.7 kJ mol^{-1}，H_2O のモル質量は 18.0 g mol^{-1} とせよ．

(解)

液相-気相の相転移であり，気相は完全気体を仮定するので，クラウジウス-クラペイロンの式を用いて求めることができる．

$\ln(P_f/P_i) = -\Delta H_{vap}/R(1/T_f - 1/T_i)$

$\ln P_f = -40.7$ J mol^{-1}/8.314 J K^{-1} mol^{-1} $(1/370$ K $- 1/373$ K$)$

    $= -0.1604$

$P_f = 0.899$ atm

8 溶液の熱力学

◆ ◆ ◆ ◆ ◆

　溶液とはある物質に1つ以上の別の物質が混ざり均一な1つの相になった状態を呼ぶ．溶体とも呼び，固体の溶液を固溶体という．純物質に別の物質が溶解することで凝固点や沸点が変化する．これらの変化は化学ポテンシャル変化によって説明できる．この章では溶液の性質を化学ポテンシャルを使って理解する．

8.1 溶液の濃度の表し方

8.1.1 モル分率

　対象としている系の全モル数に対するある成分のモル数の割合をモル分率（mole fraction）と呼ぶ．たとえばAとBの2成分からなる溶液があり，それぞれのモル数を n_A, n_B とすると，各成分のモル分率 x_A, x_B は，

$$\left. \begin{array}{l} x_A = \dfrac{n_A}{n_A + n_B} \\[6pt] x_B = \dfrac{n_B}{n_A + n_B} \end{array} \right\} \tag{8.1}$$

で表される．x_A, x_B の和は1になるので $x_A = 1 - x_B$ である．

8.1.2 容量モル濃度

　溶液 $1\,\mathrm{dm}^3$ 中の溶質のモル数を容量モル濃度と呼び M で表す．単位は $\mathrm{mol\,dm^{-3}}$（溶液）である．$V\,\mathrm{dm}^3$ の溶液中に $w_B\,\mathrm{g}$ の溶質が含まれるときの容量モル濃度 M は，

$$M = \dfrac{w_B}{V \cdot M_B} \tag{8.2}$$

で表される．ここで，M_B は溶質のモル質量 $\mathrm{g\,mol^{-1}}$ である．

8.1.3 質量モル濃度

溶媒 1 kg あたりの溶質のモル数を質量モル濃度（molarity）と呼び m で表す．単位は $mol\ kg^{-1}$（溶媒）である．溶媒 $w_A\ kg$ にモル質量 $M_B\ kg\ mol^{-1}$ の溶質 $w_B\ kg$ を溶かしたときの質量モル濃度は，

$$m = \frac{w_B}{w_A \cdot M_B} \tag{8.3}$$

【例題 8.1】 水 $100\ cm^3$ に食塩を 15 g 加えて完全に溶かした．食塩のモル分率，質量モル濃度を求めよ．ただし，水の密度は $1000\ kg\ m^{-3}$，水と食塩のモル質量は，18.0, $58.5\ g\ mol^{-1}$ とする．

（解）
- モル分率を求める場合，それぞれの物質のモル量を計算する．食塩のモル量を n_{NaCl}，水のモル量を n_{H2O} で表すと，

$$n_{NaCl} = 15/58.5 = 0.256\ mol,\quad n_{H2O} = 100/18.0 = 5.56\ mol$$

NaCl のモル分率 $x_{NaCl} = 0.256/(0.256 + 5.56) = \underline{4.40 \times 10^{-2}}$

- 質量モル濃度を求める場合は，単位の換算に注意する．水の質量は単位の換算に注意しながら，

$$w_A = 100 \times 10^{-6}\ m^3 \times 1000\ kg\ m^{-3} = 0.1\ kg$$
$$n_{NaCl} = (15/\cancel{1000})/(58.5/\cancel{1000}) = 0.256\ mol,$$
$$m_{NaCl} = n_{NaCl}/w_A = 0.256/0.1 = \underline{2.56\ mol\ kg^{-1}}$$

8.2 理想気体の混合

図 8.1 に示すように，圧力 P，温度 T の 2 つの理想気体 A, B が壁で仕切られた容器の 2 室に入っている．このときの各気体の物質量を $n_A\ mol$, $n_B\ mol$，体積を V_A, V_B とするとき，それぞれの体積 V_A, V_B は理想気体の状態方程式から，$V_A = n_A RT/P$, $V_B = n_B RT/P$ である．これより混合前の全体積 V は $V_A + V_B = (n_A + n_B)RT/P$ で表される．

壁を取り除き気体 A と B を混合すると，混合後の全体積は混合前と変わらず V，全圧力も変わらず P であるが，各成分の圧力は混合前後で体積が $V_A \rightarrow$

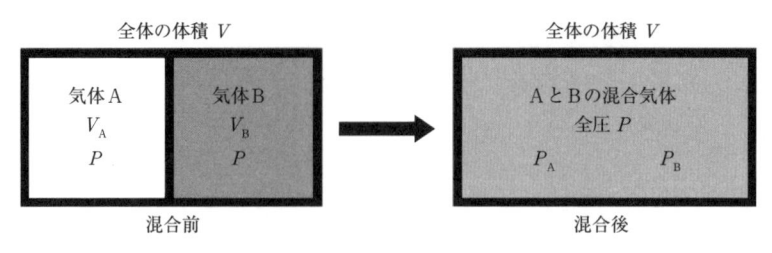

図 8.1 理想気体の混合：気体 A と B の間の仕切りを取り除くと，全圧，全体積は変化しないが A と B の圧力は $P \to P_A$, $P \to P_B$ に変化する

V, $V_B \to V$ に拡大しており混合前の圧力 P より小さくなる．これより各気体の圧力の割合は分圧（partial pressure）として表され，A の分圧 P_A は $P_A = n_A RT/V$，B の分圧は $P_B = n_B RT/V$ となる．つまり各成分の圧力は $P \to P_A$, $P \to P_B$ に変化する．理想気体の圧力変化 $P_1 \to P_2$ にともなう自由エネルギー変化は

$$\Delta G = nRT \ln \frac{P_2}{P_1} \tag{8.4}$$

で表される．これより気体 A の混合前後の自由エネルギー変化は

$$G_A(混合物) - G_A(純粋) = n_A RT \ln \frac{P_A}{P} = n_A RT \ln x_A \tag{8.5}$$

気体 B も同様に

$$G_B(混合物) - G_B(純粋) = n_B RT \ln \frac{P_B}{P} = n_B RT \ln x_B \tag{8.6}$$

混合における全体の自由エネルギー変化はこれらの和となるので

$$\Delta G_{mix} = [G_A(混合物) + G_B(混合物)] - [G_A(純粋) + G_B(純粋)]$$
$$= RT [n_A \ln x_A + n_B \ln x_B] \tag{8.7}$$

全体の物質量 $n_A + n_B$ で両辺を割ると，混合気体 1 mol あたりの混合の自由エネルギー変化 $\Delta \overline{G}_{mix}$ となる．

$$\Delta \overline{G}_{mix} = RT \left[\left(\frac{n_A}{n_A + n_B} \right) \ln x_A + \left(\frac{n_B}{n_A + n_B} \right) \ln x_B \right]$$
$$= RT [x_A \ln x_A + x_B \ln x_B] \tag{8.8}$$

混合物であれば $x < 1$ なので対数の項が負になり $\Delta \overline{G}_{mix} < 0$ となる．つまり理想気体の混合は自発的な変化であることがわかる．

以上を多成分系に拡張すると次のように表される.

$$\Delta G_{\mathrm{mix}} = RT \sum n_{\mathrm{j}} \ln x_{\mathrm{j}} \tag{8.9}$$

$$\Delta \overline{G}_{\mathrm{mix}} = RT \sum x_{\mathrm{j}} \ln x_{\mathrm{j}} \tag{8.10}$$

8.3　理　想　溶　液

前節であつかったように理想気体の混合物は理想溶体である. 理想溶液とは, 前項の式 (8.7)～(8.10) が成立する溶液である. 一部の溶液では理想溶液として振る舞うが, 多くの場合実在する液体は混合による体積変化が起こることから非理想溶液である. 非理想溶液の性質は後に述べることにして, ここでは前節の結果を用いて理想気体の混合に関する他の熱力学的関数を調べてみよう.

8.3.1　混合における体積変化

定圧条件下での自由エネルギーの温度と圧力依存性は

$$dG = -SdT + VdP \tag{8.11}$$

である. 温度一定条件で圧力で偏微分すると

$$\left(\frac{\partial G}{\partial P}\right)_T = V$$

上式を混合の自由エネルギーに当てはめると

$$\left[\frac{\partial (\Delta G_{\mathrm{mix}})}{\partial P}\right]_T = \Delta V_{\mathrm{mix}} \tag{8.12}$$

となる. つまり, 混合の体積変化は ΔG_{mix} を P で偏微分することで得られる. ΔG_{mix} の式は P を含んでいないので

$$\Delta V_{\mathrm{mix}} = 0 \quad (理想気体) \tag{8.13}$$

である. したがって理想気体を混合するとき混合前後での体積変化はない.

8.3.2　混合のエントロピー変化

式 (8.11) を圧力一定のもと T で偏微分すると $(\partial G/\partial T)_P = -S$ である. したがって混合のエントロピー変化は

$$\Delta S_{\mathrm{mix}} = -\left[\frac{\partial (\Delta G_{\mathrm{mix}})}{\partial T}\right]_P = -nR(x_{\mathrm{A}} \ln x_{\mathrm{A}} + x_{\mathrm{B}} \ln x_{\mathrm{B}}) \tag{8.14}$$

となる．モル分率 $x<1$ なので $\Delta S_{mix}>0$ となり，混合自由エネルギー変化と同様自発的変化である．

8.3.3 混合のエンタルピー変化

等温等圧における混合のエンタルピー変化 ΔH_{mix} は $\Delta G=\Delta H-T\Delta S$ から，
$$\Delta H_{mix}=\Delta G_{mix}+T\Delta S_{mix}=0 \quad (理想気体) \tag{8.15}$$
となる．以上のように理想気体では $\Delta V_{mix}=0$, $\Delta H_{mix}=0$ である．したがって理想気体が混合するときの駆動力はエントロピーの増加であるといえる．理想溶液は理想気体の混合と同様に $\Delta V_{mix}=0$, $\Delta H_{mix}=0$ が成立する溶液である．

8.4 部分モル量と化学ポテンシャル

8.4.1 部分モル体積

前節にあるように理想気体を混合する場合，混合した後の体積は混合する前の気体の体積の単純な和になる．溶液を同じように混合する場合，体積は単純な和になるだろうか．答はほとんどの溶液でそうならない．よく使われる例に水とエタノールの混合がある．水の1モルの体積は約 $18\,cm^3$ である．これを大量のエタノールに加えると体積の増加は $14\,cm^3$ になる．$4\,cm^3$ 分は水分子がエタノールの分子間にうまく入り込み体積が増えない．言い換えると，混合溶液の体積中で 1 mol の水の寄与は $14\,cm^3$ でありこの 1 mol の体積を部分モル体積（partial molar volume）と呼ぶ（図 8.2）．部分モル体積はあとで説明する部分モル量の一つである．水とエタノールの例のように 2 種類の物質を混合し溶液となったのちそれぞれの物質の量が溶液全体の体積に与える影響は

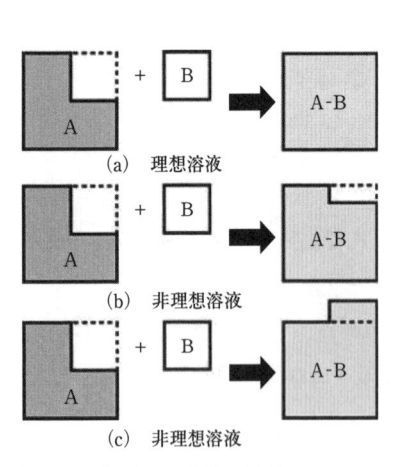

図 8.2 部分モル体積：液体 A に 1 mol の液体 B を加えるとき溶液の体積が単純な和になる溶液を理想溶液と呼ぶ．実在溶液では B の 1 mol の寄与は純液体の体積と同じにはならず，(b) や (c) のように小さくなるか大きくなる

8.4 部分モル量と化学ポテンシャル

$$dV=\left(\frac{\partial V}{\partial n_A}\right)_{n_B,P,T}dn_A+\left(\frac{\partial V}{\partial n_B}\right)_{n_A,P,T}dn_B \tag{8.16}$$

と表される．これは A をわずかな量 dn_A だけ加えたときの体積変化と B をわずかな量 dn_B 加えたときの体積変化を合計したものが全体の体積変化 dV となることを表している．この式の偏微分の項 $(\partial V/\partial n)$ を部分モル体積と呼び，$\overline{V}$ で表すと式 (8.16) は次のように記述できる．

$$dV=\overline{V}_A dn_A+\overline{V}_B dn_B \tag{8.17}$$

8.4.2 部分モル量

部分モル体積の考え方は，ほかの熱力学変数にも拡張できる．系の状態を表す示量性の変数を X で表し，A と B の 2 つの物質からなる溶液において A と B の寄与は部分モル体積と同様に次のように書くことができる．

$$dX=\left(\frac{\partial X}{\partial n_A}\right)_{n_B,P,T}dn_A+\left(\frac{\partial X}{\partial n_B}\right)_{n_A,P,T}dn_B \tag{8.18}$$

ここで，A および B の部分モル量は

$$\overline{X}_A=\left(\frac{\partial X}{\partial n_A}\right)_{n_B,P,T} \tag{8.19}$$

$$\overline{X}_B=\left(\frac{\partial X}{\partial n_B}\right)_{n_A,P,T}$$

なので，

$$dX=\overline{X}_A dn_A+\overline{X}_B dn_B \tag{8.20}$$

となる．組成が一定であれば部分モル量は一定なので，この範囲で積分すると

$$X=n_A\overline{X}_A+n_B\overline{X}_B \tag{8.21}$$

が得られる．この式は部分モル量と溶液の組成がわかればその組成における溶液全体の状態変数がわかるということで価値がある．このことから，部分モル量を知ることは重要で

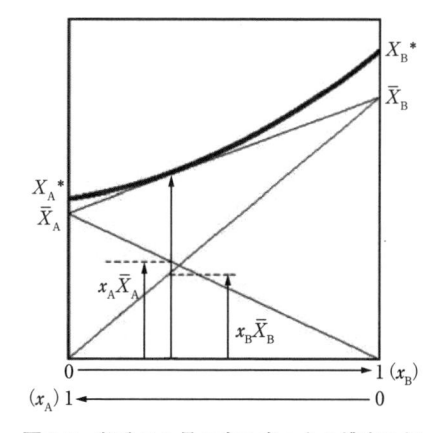

図 8.3 部分モル量の求め方：ある濃度の部分モル量はその濃度の接線を引き $x_B=0$ と $x_B=1$ のときの X が $\overline{X}_A$，$\overline{X}_B$ となる

ある.

部分モル量の求め方を図8.3に示す.部分モル量はその濃度によって変化する.濃度変化に対するある状態量 X の変化は通常曲線になる.ある濃度の部分モル量はその濃度における X の曲線に接線を引き $x_A=1, x_B=1$ の切片の値がそれぞれ A, B の部分モル量に相当する.

8.4.3 化学ポテンシャル

部分モル量を自由エネルギーに適用した場合,部分モル自由エネルギー (partial molar free energy) と呼ぶが,これを特別に化学ポテンシャル (chemical potential) と呼び μ で表す.

$$\mu_A = \overline{G}_A = \left(\frac{\partial G}{\partial n_A}\right)_{n_B, P, T} \tag{8.22}$$

化学ポテンシャルは部分モル量の一つなので前述のように

$$d\mu = \mu_A dn_A + \mu_B dn_B \tag{8.23}$$
$$G = n_A \mu_A + n_B \mu_B \tag{8.24}$$

が成立する.

A と B の溶液があり,液体とそれらの蒸気が平衡にあるとする.簡単にするため A 成分のみについて考えてみよう.純粋な物質を表すため,変数の右肩に * を付ける.同様に蒸気の場合は右肩に V を,液体の場合は l を付ける.したがって,純粋な液体 A の化学ポテンシャルは μ_A^{l*},その蒸気は μ_A^{V*} と書くことができる. μ_A^{V*} は圧力(分圧)が変化すると式 (7.36) の圧力依存性の式から図8.4に示すような対数のグラフになる ($\mu_A^{V*} = \mu_A^{V\circ} + RT\ln(P_A^*/P^\circ)$,ここで P° は標準状態における圧力である).純液体と蒸気が平衡にあるということは, μ_A^{V*} の μ_A^{l*} が等しいということなので,それぞれの線の交点にあたる.このときの圧

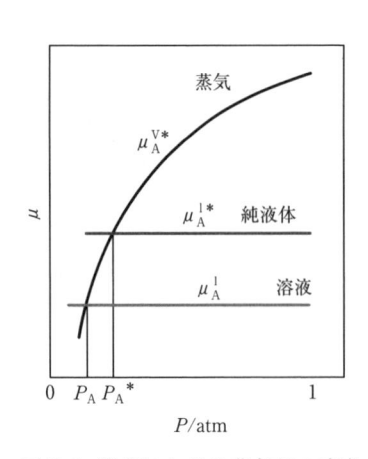

図8.4 溶液における蒸気圧の変化:純液体から溶液になると化学ポテンシャルが $RT\ln(P_A/P_A^*)$ だけ低下し蒸気圧が P_A^* から P_A に変化する

力を P_A^* と表す．P_A^* は純粋な液体 A の蒸気圧である．液体 B を加えて溶液にすると純液体 A の化学ポテンシャル μ_A^{l*} は μ_A^l まで減少し，その結果交点が移動し分圧は P_A となる．このとき溶液と蒸気の交点における蒸気の化学ポテンシャル μ_A^v は $\mu_A^v = \mu_A^{v\circ} + RT\ln(P_A/P^\circ)$ と表すことができる．μ_A^v から μ_A^{v*} を引くと，

$$\mu_A^v = \mu_A^{v*} + RT\ln\frac{P_A}{P_A^*} \tag{8.25}$$

となり，$\mu_A^v = \mu_A^l$ なので，上式は

$$\mu_A^l = \mu_A^{v*} + RT\ln\frac{P_A}{P_A^*} \tag{8.26}$$

と書ける．フランスの化学者 Raoult は溶液のある成分 A の蒸気圧と純粋な液体 A の蒸気圧の比 P_A/P_A^* が溶液中の A のモル分率 x_A に比例することを見いだした．これをラウールの法則（Raoult's law）と呼び，以下の式で表される．

$$P_A = x_A P_A^* \tag{8.27}$$

ラウールの式を使って式（8.26）を書き直すと，

$$\mu_A^v = \mu_A^l = \mu_A^* + RT\ln x_A \tag{8.28}$$

となる．x_A は 1 より小さいので，対数を含む項は負になる．B 成分についてもまったく同じように導くことができる．したがって純粋な液体の化学ポテンシャル μ_A^*，μ_B^* より溶液の化学ポテンシャル μ_A，μ_B のほうが小さくなり全体の自由エネルギーも減少してより安定になる．これは理想気体の混合の場合と同じ結果である．したがって，ラウールの法則も含め上式が成立する溶液を理想溶液と呼ぶ．

8.5 非理想溶液

8.5.1 ヘンリーの法則

ラウールの法則をグラフで表すと図 8.5 のようになる．しかし実際の溶液では必ずしもそうならず濃度と圧力の関係は曲線になる．イギリスの化学者 Henry は希薄溶液ではラウールの法則と異なる勾配で溶質の蒸気圧がモル分率に比例することを発見した．これをヘンリーの法則（Henry's law）と呼び，

$$P_B = kx_B \tag{8.29}$$

$$P_B = k'm \tag{8.30}$$

図 8.5 ラウールの法則

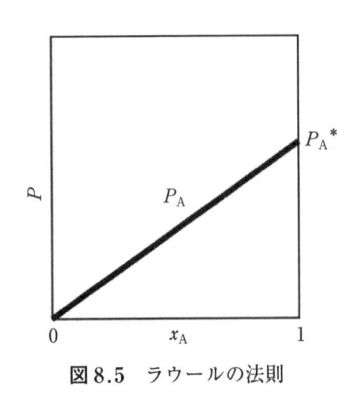

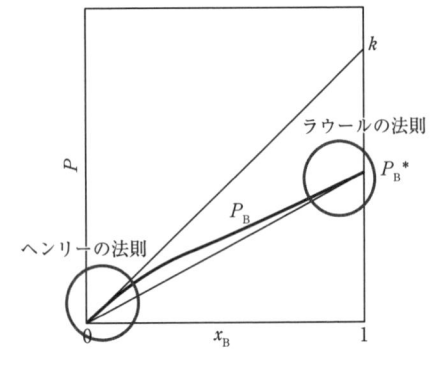

図 8.6 ヘンリーの法則：溶質の濃度が 0 に近い領域ではラウールの法則とは異なった勾配で分圧が変化する

と表される．ここで x_B は溶質のモル分率，m は質量モル濃度，k および k' は実験的な定数である．ラウールの法則とヘンリーの法則を図で表すと図 8.6 になる．この図からわかることは，ヘンリーの法則に従うとき B は希薄濃度なので溶質と呼ばれ，ラウールの法則に従うとき B は高濃度なので溶媒と呼ばれる．ラウールの法則とヘンリーの法則は別々のものではなく，溶媒と溶質間の関連した性質である．ラウールの法則とヘンリーの法則に従う希薄溶液を理想希薄溶液と呼ぶ．

8.5.2 活量と活量係数

(a) 溶媒の活量

理想希薄溶液中の溶媒 A の化学ポテンシャルは式 (8.28) で表されるが，ラウールの法則が成り立たない実在溶液の場合も活量 (activity) を使うと，今までと同じように取り扱える．溶媒の活量を a_A で表すと，式 (8.28) は

$$\mu_A = \mu_A^* + RT \ln a_A$$

となる．活量は気体の場合のフガシティーと同じように理想状態からのずれを配慮した現実的なモル分率と考えられる．式 (8.28) と比較すると活量は

$$a_A = \frac{P_A}{P_A^*} \tag{8.31}$$

と定義される．活量を求める場合，あるモル分率における蒸気圧を測定すれば

よい．溶液が無限希釈に近づくと a_A は x_A に近づくので，a_A を x_A で表すと便利である．

$$a_A = \gamma x_A \quad \text{あるいは} \quad \gamma = \frac{a_A}{x_A} \tag{8.32}$$

ここで，γ は活量係数（activity coefficient）と呼ぶ．活量係数は溶媒の非理想性の目安となる．

(b) 溶質の活量

溶質を B で表し，ヘンリーの法則が成立する場合の溶質の化学ポテンシャルは，

$$\mu_B = \mu_B^\circ + RT \ln \frac{P_B}{P_B^1} \tag{8.33}$$

である．ここで P_B^1 は標準状態における B の蒸気圧，μ_B° は標準状態における溶質の化学ポテンシャルである．濃度に質量モル濃度 m を用い，ヘンリーの法則が 1 mol kg^{-1} まで成立すると考えると，

$$\mu_B = \mu_B^\circ + RT \ln \frac{m}{1} = \mu_B^\circ + RT \ln m \tag{8.34}$$

となる．$\ln m$ の m は $m/1$ のことなので，単位がないことに注意しなければならない．溶媒の活量と同じように溶質にも活量 a_B を導入すると取り扱いが容易になる．仮想的な標準状態の蒸気圧を $k' \times 1 \text{ mol kg}^{-1}$ とすると溶質の活量は，

$$a_B = \frac{P_B}{k'} \tag{8.35}$$

であり，化学ポテンシャルは，

$$\mu_B = \mu_B^\circ + RT \ln a_B \tag{8.36}$$

となる．活量係数を用いると

$$a_B = \gamma m \quad \text{あるいは} \quad \gamma = \frac{a_B}{m} \tag{8.37}$$

溶質の場合ヘンリーの法則の係数がわかるか蒸気圧のデータがわかれば溶質の化学ポテンシャルを決定できる．

8.6 束一的性質

溶液は溶媒となる液体の純物質に溶質が溶けたもので2成分以上の液体の混

合物である．束一的性質（colligative property）とは溶媒に溶質を溶かすことで溶媒の蒸気圧，溶液の沸点および凝固点などが変化する現象を指している．これらは溶質の濃度によってその大きさが変化し，溶質の性質には影響されないことから束一的性質と呼んでいる．この性質の原因は溶媒となる液体と溶液の化学ポテンシャルの変化により引き起こされる．

純物質の化学ポテンシャル μ^* の温度変化は図 8.7 に示すように固体→液体→気体となるに従い勾配の絶対値は大きくなる．これは $(\partial\mu/\partial T)_P=-S$ であり，通常エントロピーの大きさは固体＜液体＜気体の関係にあるからである．純物質である溶媒に溶質を溶かすと溶液となり溶液の化学ポテンシャルは低くなる．つまり，純物質より安定になる．通常，溶質が不揮発性であれば溶液の蒸気は純溶媒の蒸気と等しいと考えてよい．また，溶液が低温になり凝固する場合も純溶媒の固体の化学ポテンシャルと同じと考えられる．したがって純物質から溶液になるとき変化する化学ポテンシャルは液体の化学ポテンシャルだけである．固体と液体の化学ポテンシャルの交点は凝固点であり，溶液になることでその交点は低温側へ移動する．この移動が凝固点降下と呼ばれる．同様に液体と気体の化学ポテンシャルの交点が沸点であり，溶液になることで交点は高温側へ移動する．これが沸点上昇である．

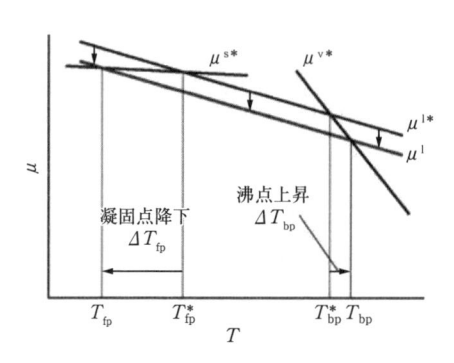

図 8.7　純粋な液体と溶液の間の化学ポテンシャル変化と沸点，凝固点の変化

8.6.1　蒸気圧降下

溶媒 A に微量の不揮発性溶質 B が加えられた場合，蒸気圧降下 $P_A^*-P_A$ はラウールの法則 $P_A=(1-x_B)P_A^*$ から，

$$P_A^*-P_A=x_B P_A^* \tag{8.38}$$

となり，溶質の濃度のみに依存するので，束一的性質の一つである．

8.6.2 沸点上昇

溶媒 A に不揮発性の溶質 B が加えられるとき，その化学ポテンシャルは低下する．一方で，蒸気には溶質を含まないので純粋な溶媒 A の蒸気と考えてよく，蒸気の化学ポテンシャルは変化しない．その模式図を図 8.8 に示す．純粋な液体の沸点は μ^{v*} と μ^{l*} の交点 Q であり沸点は T_{bp}^* である．溶液になると $\mu^{l*} \to \mu^l$ に変化するため交点が R へ移動し，沸点も T_{bp} へ移動する．したがって沸点上昇 ΔT_{bp} は Q → R の $\Delta \mu$ を考えればよい．自由エネルギーの温度依存性が $(\partial G/\partial T)_p = -S$ であることから，蒸気の化学ポテ

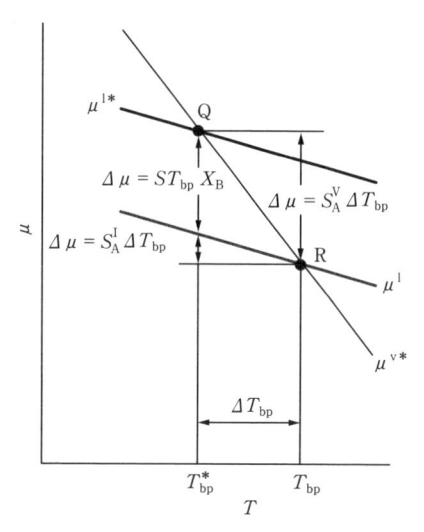

図 8.8 沸点上昇に関係する化学ポテンシャル変化の関係

ンシャル変化は $\Delta\mu = -S_A^v \Delta T_{bp}$ と書ける．溶液の化学ポテンシャル変化は純粋な液体から溶液になるときの化学ポテンシャル変化 $\Delta\mu$ と溶液の温度変化による化学ポテンシャル変化 $\Delta\mu = -S_A^l \Delta T_{bp}$ の和になる．沸点において純粋液体から溶液になるときの化学ポテンシャルは，$\mu_A = \mu_A^* + RT_{bp} \ln x_A$ から $\Delta\mu = \mu_A - \mu_A^* = RT_{bp} \ln x_A$ である．希薄溶液であることから $\ln x_A = \ln(1-x_B) = -x_B$ を代入すると $\Delta\mu = -RT_{bp} x_B$ となる．蒸気の化学ポテンシャル変化と溶液の化学ポテンシャル変化を等しいとおき，両辺にマイナスを掛けると，

$$S_A^v \Delta T_{bp} = S_A^l \Delta T_{bp} + RT_{bp} x_B \tag{8.39}$$

となる．$S_A^v - S_A^l = \Delta S_{vap}$ とおき $\Delta S_{vap} = \Delta H_{vap}/T_{bp}$ を代入すると，

$$\Delta T_{bp} = \left(\frac{RT_{bp}^2}{\Delta H_{vap}}\right) x_B \tag{8.40}$$

となる．括弧の中は溶媒の性質によって決まる定数になり，ΔT_{bp} は溶質の性質には関係なく濃度のみに比例する．

溶質が希薄であれば $n_B \ll n_A$ なので，$n_A + n_B \approx n_A$ となる．したがって，x_B を質量モル濃度 m で表すと，

$$x_B \approx \frac{n_B}{n_A} \approx \frac{m}{1/M_A} = M_A m$$

となる．この関係を式 (8.40) に代入すると，

$$\Delta T_{bp} = \left(\frac{RT_{bp}^2 M_A}{\Delta H_{vap}}\right)m = K_{bp}m \quad ただし \quad K_{bp} = \frac{RT_{bp}^2 M_A}{\Delta H_{vap}} \quad (8.41)$$

となる．ここで K_{bp} は沸点上昇定数（boiling-point elevation constant）と呼ばれる．代表的な溶媒のモル沸点上昇定数を表8.1に示す．

表8.1 モル沸点上昇定数 (1 atm)

溶　媒	沸点/℃	K_{bp}/K kg mol^{-1}
水	100.0	0.51
エタノール	78.4	1.22
ベンゼン	80.1	2.53
エチルエーテル	34.6	2.02
クロロホルム	61.3	3.77

8.6.3 凝固点降下

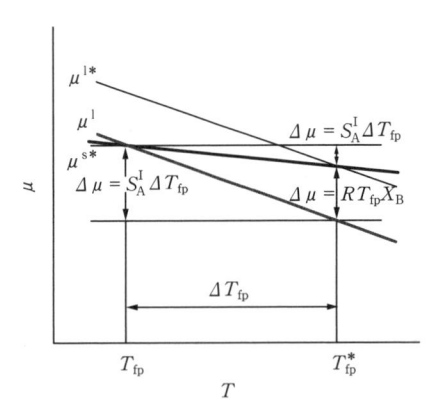

図8.9 凝固点降下に関する化学ポテンシャル変化の関係

溶液の凝固点では固体と溶液が共存しており平衡が成立している．凝固点降下も沸点上昇と同じように取り扱うことができるが，先に記述したとおり，固体の溶媒中に溶質は溶解していないと考える．凝固点における化学ポテンシャル変化を図8.9に示す．沸点上昇と同じように凝固点降下 ΔT_{fp} は，

$$\Delta T_{fp} = -K_{fp}m \quad ただし$$

$$K_{fp} = \frac{RT_{fp}^2 M_A}{\Delta H_{fus}} \quad (8.42)$$

となる．ここで K_{fp} は凝固点降下定数（freezing-point depression constant）と呼ばれる．ΔH_{fus} は溶媒の融解エンタルピーである．したがって K_{fp} は溶媒の性質だけを含むことになり，凝固点降下も沸点上昇と同じように溶質の性質には関係なくその濃度のみに比例する．代表的な溶媒のモル凝固点降下定数を表8.2に示す．

表8.2 モル凝固点降下定数

溶媒	凝固点/℃	K_{fp}/K kg mol^{-1}
水	0.00	1.86
酢酸	16.6	3.90
ベンゼン	5.5	5.12
ブロモホルム	7.8	14.4
シクロヘキサン	6.5	20.0
ショウノウ	173.0	40.0

8.6.4 浸透圧

図8.10のように半透膜(溶媒は通すが溶質は通さない膜)で仕切られた2室の一方に純溶媒をもう一方に溶液を入れ放置すると,純溶媒が半透膜を通過し溶液の液面が上昇する.溶媒が半透膜を通過しないようにするためには,溶液側に余分の圧力 Π を加える必要がある.この圧力 Π を浸透圧(osmotic pressure)と呼ぶ.浸透圧の測定は巨大分子のモル質量を決定するために重要である.

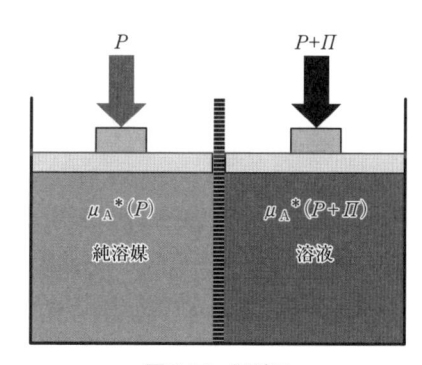

図8.10 浸透圧

溶液に圧力を加え溶媒の液面と一致させることは,溶液の化学ポテンシャルの圧力依存性を調べることになる.つまり圧力 P における純溶媒の化学ポテンシャルに一致するまで溶液に圧力を加えていくことになる.溶液になったときの化学ポテンシャルの低下は沸点上昇のときと同じように考え $\Delta\mu = RTx_B$.溶液の圧力変化による化学ポテンシャルの変化は $(\partial\mu/\partial P)_T = \overline{V}_A$ なので $P \to P+\Pi$ まで積分すると,$\Delta\mu = \overline{V}_A\Pi$ となる.$\Delta\mu$ は等しいので,

$$\overline{V}_A\Pi = RTx_B \tag{8.43}$$

となる.$n_A + n_B \approx n_A$ なので,両辺に n_A を掛けると,

$$n_A\overline{V}_A\Pi = RTn_Ax_B \tag{8.44}$$

左辺は $n_A\overline{V}_A \approx V$,右辺は $n_Ax_B \approx n_B$ なので,最終的に,

$$\Pi V = n_B RT \quad \text{あるいは} \quad \Pi = MRT \tag{8.45}$$

となる.ここで M はモル濃度である.この式をファントホッフの式(van't

Hoff equation) と呼ぶ．この結果から溶液の濃度の増加により浸透圧も増加することがわかる．

演 習 問 題

【問 8.1】 理想気体の混合

298 K，1.013×10^5 Pa において 2.0 mol のヘリウムに 0.30 mol の水素を混合した．混合におけるエントロピー変化 ΔS_{mix} と自由エネルギー変化 ΔG_{mix} を求めよ．ただし，気体は理想気体と考えよ．

（解）

混合の自由エネルギー変化：式 (8.8) は変形すると $\Delta G_{mix} = nRT(x_A \ln x_A + x_B \ln x_B)$ となる．ここで $n = n_A + n_B$ である．各成分のモル分率は，

$$x_{He} = \frac{2.0}{2.0 + 0.3} = 0.870 \qquad x_{H_2} = \frac{0.3}{2.0 + 0.3} = 0.130$$

となる．変形した式 (8.8) に各値を代入すると，

$$\Delta G_{mix} = nRT(x_A \ln x_A + x_B \ln x_B)$$
$$= 2.3 \times 8.314 \times 298 \times (0.870 \times \ln(0.870) + 0.130 \times \ln(0.130))$$
$$= -2200 \text{ J} = -2.20 \text{ kJ}$$

混合のエントロピー変化：式 (8.14) を使って，自由エネルギーの場合と同様に，

$$\Delta S_{mix} = -nR(x_A \ln x_A + x_B \ln x_B)$$
$$= -2.3 \times 8.314 \times (0.870 \times \ln(0.870) + 0.130 \times \ln(0.130))$$
$$= 7.39 \text{ J}$$

【問 8.2】 溶液の混合

エタノールの濃度がモル分率で 0.20 となるような水溶液を 150 cm^3 作りたい．この濃度における水とエタノールの部分モル体積は，それぞれ 17.6 および 56.0 cm^3 mol^{-1} で，純粋な水とエタノールの密度はそれぞれ 0.998 と 0.789 g cm^{-3} である．混合する水とエタノールの体積を求めよ．

（解）

式 (8.21) の X を V として，両辺を $n_A + n_B$ で割ると，

$$\frac{V}{n_A+n_B}=x_A\overline{V_A}+x_B\overline{V_B}$$

$V=150\ \mathrm{cm}^3$, $x_{H_2O}=0.80$, $x_{EtOH}=0.20$, 水とエタノールの部分モル体積を上式に代入し変形すると,

$n_{H_2O}+n_{EtOH}=150/(0.80\times17.6+0.20\times56.0)=5.93\ \mathrm{mol}$

また, $x_{EtOH}=0.20$ から $4n_{EtOH}=n_{H_2O}$ となるので,

$n_{EtOH}=5.93/5=1.19\ \mathrm{mol}$

$V_{EtOH}=1.19\times46/0.789=69.1\ \mathrm{cm}^3$

同様に水も,

$n_{H_2O}=5.93-1.19=4.74\ \mathrm{mol}$

$V_{H_2O}=4.74\times18/0.998=85.5\ \mathrm{cm}^3$

【問 8.3】 蒸気圧降下

純粋なベンゼンの 60.6 ℃ における蒸気圧は $5.33\times10^4\ \mathrm{Pa}$ である. このベンゼンの 400 g に, ある不揮発性有機化合物 20.9 g を溶かしたところ $5.16\times10^4\ \mathrm{Pa}$ まで蒸気圧が低下した. 溶液は理想溶液であると仮定し, この不揮発性有機化合物の分子量を求めよ.

(解)

理想溶液はラウールの法則が成立するので, ベンゼンのモル分率を x_A とすると,

$x_A=P_A/P_A^*=5.16\times10^4/5.33\times10^4=0.968$

式 (8.1) にベンゼンのモル質量 $(78.0\ \mathrm{g\ mol}^{-1})$, 不揮発性有機化合物の分子量 M, およびそれぞれの質量を代入すると,

$$\frac{400/78.0}{400/78.0+20.9/M}=0.968$$

$M=123\ \mathrm{g\ mol}^{-1}$

【問 8.4】 沸点上昇

水 100 g に食塩 20 g を加えたときの沸点上昇を求めよ. 水のモル沸点上昇定数 K_{bp} は $0.51\ \mathrm{K\ kg\ mol}^{-1}$ である.

(解)

まず質量モル濃度を求める.

$m=(20/58.5)/(100/1000)=3.42 \text{ mol kg}^{-1}$

式 (8.41) に各値を代入すると,

$\Delta T_{bp}=0.51\times3.42=1.74 \text{ K}$

【問 8.5】 凝固点降下

シクロヘキサン 100 g に純粋な未知物質 A を 2.8 g 加えたらシクロヘキサンの凝固点が 2.00 K 降下した．未知物質 A のモル質量を求めよ．シクロヘキサンの K_{fp} は 20.0 K kg mol^{-1} である．

(解)

式 (8.42) を変形すると,

$m=\Delta T_{fp}/K_{fp}=2.00/20.0=0.100$

質量モル濃度は式 (8.3) から，未知物質のモル質量を M_A kg mol^{-1} とすると,

$M_A=w_A/(w_B\,m)=(2.8/1000)/\{(100/1000)\times0.100\}=0.280 \text{ kg mol}^{-1}$
$=280 \text{ g mol}^{-1}$

【問 8.6】 活量係数

モル分率 0.05 のアセトン水溶液は 1.013×10^5 Pa において 75.6 ℃ で沸騰した．この水溶液の気相中のアセトンのモル分率は 0.630 であった．水溶液の組成と気相の組成は平衡にあるとして水の活量係数を求めよ．ただし，75.6 ℃ における水の蒸気圧は 3.95×10^4 Pa とする．

(解)

75.6 ℃ で沸騰しているときの気相中の水のモル分率は,

$1-0.630=0.370$

このときの水の分圧は,

$1.013\times10^5\times0.370=3.75\times10^4$ Pa

このときの水の活量は式 (8.31) より,

$a_{H_2O}=3.75\times10^4/3.95\times10^4=0.949$

活量係数は式 (8.32) より,

$\gamma_{H_2O}=0.949/(1-0.05)=0.999$

9 相平衡

9.1 相転移の基本常識

　この章の入り口として，いったん数学的取り扱いを離れて，物質が示す相の変化をさまざまな用語の観点から，ざっと見通してみることにしよう．たとえば，大概の物質は低温では固体，若干温度が高くなると液体，さらに温度が高くなると気体の様相を呈する．熱力学ではそれぞれ「固相（solid phase）」，「液相（liquid phase）」，「気相（gas phase）」と称する．ある物質において相の変化が生じることを「相転移（phase transition）」と呼ぶ．そのなかでも固相は，温度や圧力に応じて，多様な相を示すことが多くあり，結晶構造の観点からはこれを「多形（polymorphism, polytype）」と称する．固相間の転移を中心として，相転移に対して「変態（modification）」という用語を当てることもある．

　それぞれの転移や転移点，そのときに発生する転移熱の呼称を表9.1にまとめて示した．一定圧力の下で精密に測定された転移熱は相転移前後での物質のエンタルピー変化（ΔH）と等しい．

表9.1　相転移に関する用語のまとめ

転移の様式	相転移の呼称	転移点	転移熱
固相 → 液相	融解（melting）	融点	融解熱
液相 → 固相	凝固（solidification）	凝固点	凝固熱
固相 → 気相	昇華（sublimation）	昇華点	昇華熱
気相 → 固相	蒸着（deposition）	—	—
液相 → 気相	気化（vaporization）	沸点	蒸発熱
気相 → 液相	凝縮（condensation）	—	凝縮熱
固相 → 固相	【変態（modification）】	—	—

固相と液相をまとめて「凝縮相（condensed phase）」ともいう．固相は変形しても元の形に戻る性質を有するのに対し，液相は流体であり，どのような形にも変形することができる．しかし双方ともに密度が高く，体積弾性率（圧縮率の逆数）がきわめて高いという性質を共有している．一方，気相はきわめて密度が低く，また十分高温であるなら，理想気体の体積弾性率は，物質の種類によらず常に一定である（$PV=nRT$）．

本書のこれまでの章では，物質の状態変化について，主としてギブズ自由エネルギー（G）を介した取り扱いを行ってきた．たとえば，容器の中の水が水蒸気に変化する過程について自由エネルギーをもととした概念を当てはめてみるとする．

蒸発：液体がその表面から蒸気を発生する現象．
沸騰：液体内部からも蒸気が発生し，気泡となって観測される現象．

一般的には上記の2つの区別は単に現象の強弱を表す日本語表現の違いにみえるかもしれない．しかし，自由エネルギー的な観点を導入するなら，この2つはかなりの程度，異なる状態に対応していることがわかる．まず，容器の中の水の表面は常に空気の圧力にさらされており，水の深部では圧力の平衡が成り立っている．すなわち，この部分における相の変化は1 barの水と1 barの水蒸気の平衡によって支配されており，少なくとも摂氏100℃（373 K）になるまで相転移は起こらない．一方，水の表面では平衡は崩れていることが多い．たとえば気温20℃（293 K），相対湿度60％とするなら，水面での水蒸気分圧は0.014 barに過ぎず，飽和蒸気圧0.023 barを目指して，相転移が一定速度で継続的に進行する．

室温，1 barだから液体の水は安定というのも，環境が飽和蒸気圧以下だから，液体の水は存在し得ないというのも，いずれも解釈としては正確ではない．一般的な水の挙動一つをとっても，現実の事象では各部分において成り立っている平衡や平衡移動を，総括して考える必要がある．熱力学の有用性が敬遠されがちなのは，ほとんどの場合，「何について」，「どこの」平衡をみようとするのか，という問題抽出のややこしさに起因するといってよい．

9.2 相平衡に対する温度・圧力の影響

7.12節の復習になるが，自由エネルギーの観点から，一成分系，定圧下に

9.2 相平衡に対する温度・圧力の影響

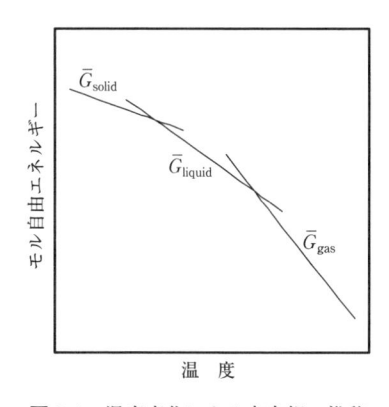

図 9.1 温度変化による安定相の推移（圧力固定）

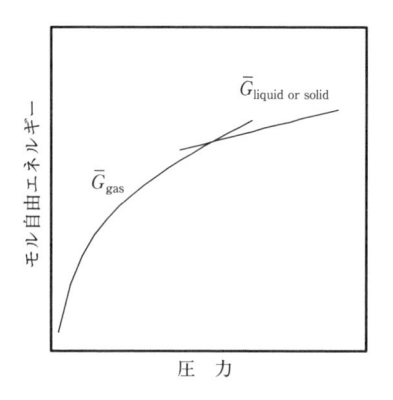

図 9.2 圧力変化による安定相の推移（温度固定）

おいて，固相 → 液相 → 気相と，温度が上昇するとともに安定相が変化する様子を模式的に表したグラフを図 9.1 に示した．相溶などの影響がない一成分系を考えた場合，相を構成する成分（純粋）の化学ポテンシャル（$dG/dn=\mu$）は，その相のモル自由エネルギー（$\overline{G}$）と全く等しい．たとえば 1 bar での水ならば，最初の交点は摂氏 0 ℃（273 K），2 番目の交点は摂氏 100 ℃（373 K）になる．自由エネルギーの温度依存性を表す各曲線が右下がりになること，および特定の位置で交点を有することは，各相の有するモルエントロピー（$\overline{S}$）からして明らかである．

全く同様に体積が自由エネルギーに与える影響から，安定相の変化を概観することも可能である（図 9.2）．この場合，温度変化がないとすると，

$$d\overline{G} = \overline{V} dP \qquad (d\overline{G}/dP = \overline{V})$$

が成り立つ．$\overline{V}$ は正の値を取り，1 mol あたりで考えるなら気相の体積が液相や固相の体積にはるかに優越する．しかし，液相や固相の体積が圧力にあまり依存しないのに対して，気相の体積は圧力に大きく依存する（$\overline{V} = RT/P$）．特に圧力の高い領域では，気相の自由エネルギーの圧力依存性はかなり平坦になってくることが予測される．常温近傍で気相を呈する物質で，圧力の印加のみにより自由エネルギーの差を縮め，液相への凝縮が可能なのは，アンモニア，炭化水素系ガスをはじめとして，結構限定されており（たとえば 20 ℃での凝縮圧力はプロパンで 8.5 bar，ブタンなら 2.1 bar），気相から固相への相転移にいたってはほとんど実例をみない．

一方，各種有機化合物を始めとして，常温付近，減圧によって凝縮相から気相への相転移を進めることは比較的容易である．これも $\overline{V}=RT/P$ の関係から明らかであろう．また水は液相のほうが固相よりもモル体積が大きい珍しい物質であり，固相への圧力の印加によって，かえって液相への相転移が進行することが知られている．

このように相転移は，各相のモルエントロピー差（ΔS_{trs}），およびモル体積差（ΔV_{trs}）と深い関係があり，これを利用して一成分系における相境界の変化を定量的に取り扱う方法が前出のクラペイロンの式（7.100）

$$dP/dT = \Delta H_{trs}/T\Delta V_{trs}$$

および，クラウジウス-クラペイロンの式（7.105）

$$d(\ln P)/dT = \Delta H_{trs}/(RT^2)$$

である．

9.3 一成分系の相図

図 9.3 に水の「相図（phase diagram）」（圧力・温度・成分濃度などの状態量の変化に対して系における安定相の変化を表す図，「状態図」ともいう）を示す．この相図は，数値的なイメージをつかみやすいように現実の水に関して得られるデータとできるだけ対応させたものである．この相図は示強変数である圧力（P），温度（T）に関するプロットなので，氷と水蒸気の共存する領域，水と水蒸気の共存する領域，氷と水の共存する領域は「線」として表される（系の自由度 1）．これは共存領域においては，温度が決まれば圧力，圧力が決まれば温度が一義的に決まってしまうことを意味する．ちなみに，氷・水・水蒸気，それぞれ単独の相のみが存在する領域は P-T 相図内では「面」（系の自由度 2）として表現され，一方，三相すべてが共存する領域は P-T 相図内では

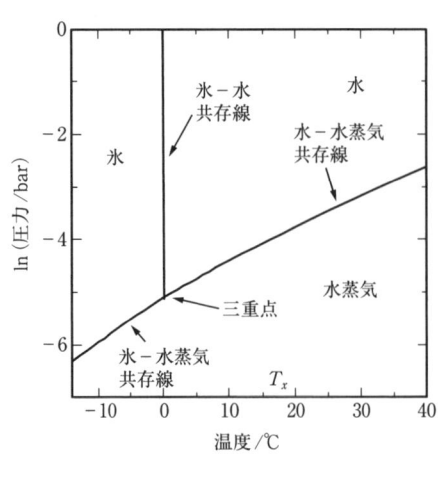

図 9.3 水の P-T 相図

「点」として表される（系の自由度 0）.

さて図 9.3 をもとに，各相の共存線に対して，クラペイロンの式（7.100）の取り扱いを当てはめて，考えてみよう．相転移に関する転移熱はおのおの 6.01 kJ/mol（氷-水），40.66 kJ/mol（水-水蒸気）であるのに対し，体積変化は -8%（氷-水），$+170,000\%$（水-水蒸気）となる．

液相から気相への相転移に関しては，体積変化（ΔV_{trs}）が極端に大きいことが特徴にあげられる．よって，水と水蒸気の共存線は，$dP/dT (=\Delta H_{trs}/T\Delta V_{trs})$ で表される傾きがごく小さく，またこの傾向は氷と水蒸気の共存線においても同様である．氷から水蒸気への相転移の昇華熱および体積変化は，水から水蒸気への蒸発熱および体積変化との違いが小さく，特にこのような対数表現で見た場合は，両共存線は特に変曲点もなくつながっているようにみえる．しかし dP/dT を精細に検討するなら，三重点以上と以下では，明らかな傾きの変化が存在している．

一方，氷-水の共存線について，dP/dT を考えてみた場合，ΔV_{trs} が前出の水-水蒸気，氷-水蒸気の場合と比べて，非常に小さいことがわかる．よって共存線は，T の変化に対して極端に立ち上がり，縦軸に対してほとんど垂直な線として出現することがわかる．

また一般に相図によって，系を表現する場合，系の自由度-相の個数-成分の個数の間には，次に示すようなギブズの「相律（phase rule）」と呼ばれる一定の関係が存在する．

$$F=C-P+2 \qquad (9.1)$$

F：系の自由度（degree of freedom）
C：その系に含まれる独立な成分（component）の個数
P：その系に含まれる相（phase）の個数

ここでいう「系の自由度」とは，「圧力」，「温度」，および「各相内に含まれるある成分のモル濃度」などの互いに独立な「示強変数」の個数に相当する．成分数が増えた場合の相図の取り扱いは，次節に示すこととする．また相律における「示強変数」と「示量変数」の取り扱いの区別については，以下のコラムでざっと触れることにする．

【コラム】

　相図を使いこなすに際して，たとえば図9.3のようなP-T関係によって表された相図は，実はこれだけで系の全状態を表現する「完全」なものではないことに留意する必要がある．一つの例として，図9.3の中で温度を20℃に固定し，ごく低圧から徐々に圧力を上げていく場合を考える．液体の水，もしくは水蒸気の相が単独で安定している領域では，圧力が決まれば全体の体積およびエンタルピーも確定する．ところが，水と水蒸気が共存している領域，つまり共存線の上（20℃では0.014 bar）では圧力が決まっても，体積やエンタルピーは一点には確定しない．等温等圧の環境でも水蒸気と水の相対比が変化することにより，系を表すこれらの状態量はかなりの幅で変化可能である．上の相律で述べた「系の自由度」というのは，あくまでも「示強変数」に関しての自由度であることに注意してほしい．

　また気体-液体間の共存線を含む相図の場合，高温，高圧の環境下ではこのように体積やエンタルピーが未確定な領域が徐々に縮小し，やがて温度と圧力を確定すれば，体積やエンタルピーが常に決まってしまう状態に到達する（水の場合，温度374℃，圧力218 bar以上）．これは気液の相境界が消失したことを表し，第3章3節や第7章12節で触れられた「臨界点」に相当する．

9.4　二成分系の相図

　一成分系の相図を二成分に拡張するには，成分に関連する変数を少なくとも一つ導入する必要がある．通常は全体のモル数を1に固定し，一方の成分比を0から1.0までの値で変化させて，相の変化を表現する形の「相図」が用いられる．さらに，圧力変化よりも温度変化のほうがより技術的に単純であるため，圧力を1 barに固定し，温度-成分比の関係を図示したタイプの相図が，無数に調査・公表されている．このような相図は実用的でもあり，折に触れて，広く利用されている．

　図9.4Aに，シリコンとゲルマニウムの二成分系（1 bar）の相図を示した．これはつまりシリコンのP-T相図とゲルマニウムのP-T相図の間をSi/(Si + Ge) モル比の座標を軸に用いてつなぎ合わせ，さらに$P=1$ barの面で切り取

9.4 二成分系の相図

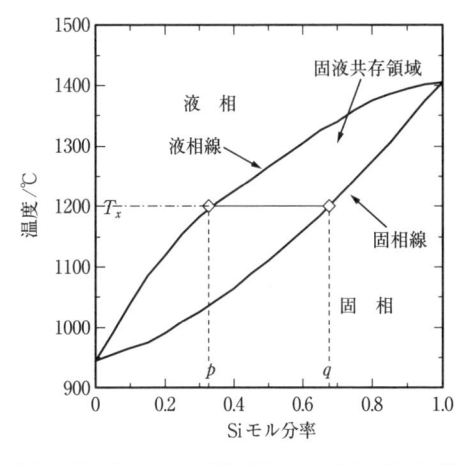

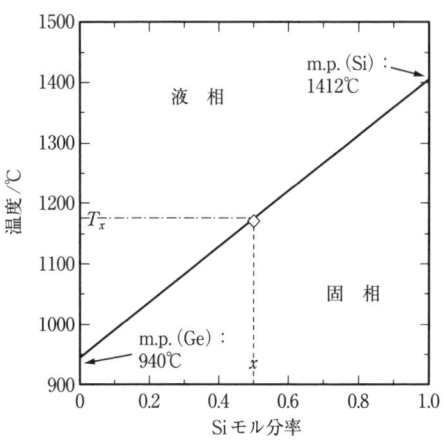

図9.4A シリコン（Si）-ゲルマニウム（Ge）系の実測された相図（1bar）

図9.4B 単純な合成による想定図

ったものと考えてよい．SiとGeの組み合わせの特徴だが，固体状態でも液体状態においても，この2つの元素はあらゆる組成比で完全な「溶体」を形成する（Si-Ge（固）：相溶（固体の場合「全率固溶」ともいう），Si-Ge（液）：相溶）．

両相とも完全に相溶ならば，Si-Ge合金の相図は両元素の融点を直線でつないだ図9.4Bのような形になりそうだが，現実には二成分系の相図では，固相と液相が共存する領域は「線」ではなく「面」として現れる．この面の下の線を「固相線」，上の線を「液相線」と呼ぶ．固相→液相の相転移について，二成分系の挙動を定量的に述べることは難しいが，融点の異なる2つの物質の合金に関して，低温から温度を上げて溶解を行った場合，初期の溶融時に生成する液相は融点の低い成分（Ge）を多く含み，溶け残った固相は融点の高い成分（Si）を多く含むであろうことは，直観的に理解できるであろう．つまりこの二成分系の溶融時においては，どの組成比（x）においても，Si成分の化学ポテンシャルに関して次の式（9.2）のような平衡は成り立たない．

$$(\mu_{Si})_{solid(x)} = (\mu_{Si})_{liquid(x)} \tag{9.2}$$

solid(x)：Siをxモル分率含む固相

liquid(x)：Siをxモル分率含む液相

図9.4A内の固液共存領域内で成り立っている平衡を，化学ポテンシャルの

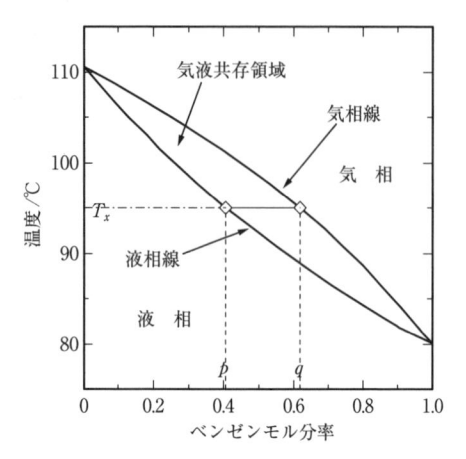

図9.5 ベンゼン-トルエン系相図 (1bar)

観点から表現すると，次式のようになる．

$$(\mu_{Si})_{solid(q)} = (\mu_{Si})_{liquid(p)} \quad (9.3)$$

solid(q)：Si を q モル分率含む固相

liquid(p)：Si を p モル分率含む液相

(ただし，$0 < p, q < 1$)

蛇足ながら二成分系において，Si 成分の増減は，Ge 成分の増減と符号が逆なだけであり，Ge の化学ポテンシャルに関しても，$(\mu_{Ge})_{solid(q)} = (\mu_{Ge})_{liquid(p)}$ が成り立つ．また Si のほうが Ge より融点が高いので $p < q$ である．p（液相組成）と q（固相組成）の正確な値は温度（T）によって決まる．相図の表示から明らかなように，p, q ともに温度が高くなるほど，Si リッチ側に移動する．

このように二成分系の相転移において，相転移前後で完全相溶を保つというモデルは，液相 → 気相の相転移において，さらに理想的にあてはまる．図 9.5 にベンゼン-トルエン系の相図について示す．やはり液相線と気相線にはさまれて「面」として気液共存領域が出現している．またこの場合，液相を理想溶液として，ラウールの法則（8.27 式）を近似的に当てはめれば，p（液相組成）と q（気相組成）の間の不一致を，定量的に取り扱うことができる．たとえば共存領域内において存在する液相中のベンゼンおよびトルエンそれぞれの化学ポテンシャルはラウールの法則により次式のように表される．

$$(\mu_{benzene})_{liquid(p)} = (\mu_{benzene}{}^*)_{pure\ liquid} + RT\ln(p) \quad (9.4A)$$

$$(\mu_{toluene})_{liquid(p)} = (\mu_{toluene}{}^*)_{pure\ liquid} + RT\ln(1-p) \quad (9.4B)$$

liquid(p)：ベンゼンを p モル分率含む液相（ただし，$0 < p < 1$）

$(\mu_{benzene}{}^*)_{pure\ liquid}$, $(\mu_{toluene}{}^*)_{pure\ liquid}$：該当温度における純粋な液相ベンゼン，液相トルエン，それぞれの化学ポテンシャル

該当温度における純粋な液相ベンゼン，液相トルエン，それぞれの飽和蒸気圧を $P_{benzene}{}^*$, $P_{toluene}{}^*$（単位：bar）で表すとすると，共存領域において p

9.4 二成分系の相図

(液相組成) と平衡する q (気相組成) は次式のように求められる.

$$q = pP_{\text{benzene}}^*/(pP_{\text{benzene}}^* + (1-p)P_{\text{toluene}}^*) \tag{9.5}$$

どの温度でも $P_{\text{benzene}}^* > P_{\text{toluene}}^*$ が成り立つことから,明らかに $q > p$ である ($q = p$ となるには,$P_{\text{benzene}}^* = P_{\text{toluene}}^*$ である必要がある). なお温度が決まれば,$pP_{\text{benzene}}^* + (1-p)P_{\text{toluene}}^* = 1\,\text{bar}$ の条件から p の値は一義的に決まり,同時に q の値も確定する. このように蒸発時に生成する気相が揮発分に富むこと,その一方,滞留する液相は不揮発分に富むこと,両者が平衡関係にあることなどは,蒸留操作や純度向上のための多段蒸留の必要性などにより,直観的にも理解できる.

一方,固相を含む相図において,Si-Ge のようにあらゆる領域で高い相溶性を保つタイプのものはむしろまれである. 液相になるまでは,固相どうしは互いに非常に相溶性が乏しいか,化合物相を形成してしまう組み合わせが数多く認められる. 一つの例としてアルミニウムとシリコンの組み合わせについての相図を図 9.6 に示した. Si-Ge の場合とは全く異なり,Si-Al は固相では互いにほとんど溶け合わない.

このようなタイプの相図の特徴は,「共融点」(別名共晶点,eutectic point)と呼ばれる点を有することである. 圧力が決まれば,この共融点の温度,およびそれに対応する Al と Si のモル比(共融混合物組成)は,一義的に決まる. まず,この点以下の温度では,固体は,Si を飽和濃度まで含有する Al 固相,および Al を飽和濃度まで含有する Si 固相の混合物として存在する. Al 固相の場合,縦軸近傍に隣接して,縦に細長い領域がみえているが,これは Al が数%程度(共融点において最大 1.59 at%)であれば,Si を固溶することができることを意味している. 一方,Si の場合,Al の固溶量が完全に 0 ということは物理的にありえな

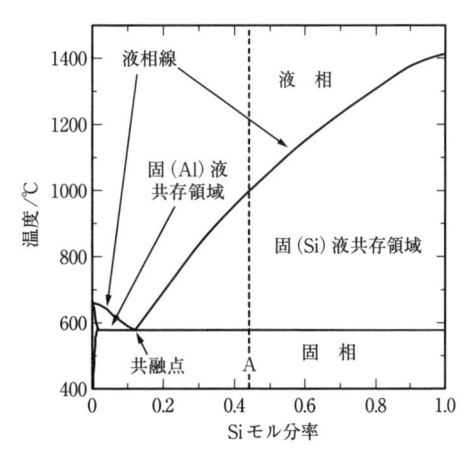

図 9.6 シリコン (Si)-アルミニウム (Al) 系相図 (1 bar)

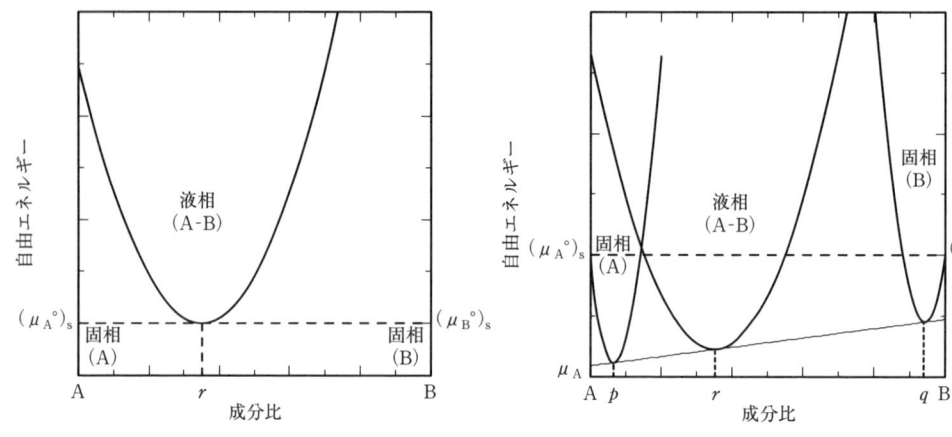

図 9.7A 共融点における三相平衡図（簡略）

図 9.7B 共融点における三相平衡図（詳細）

いが（共融点において 0.2〜0.5 at%），この相図を全体としてみた場合には，その固溶量は無視できる程度であり，限界固溶濃度を表す線は，ほぼ縦軸と一体化してしまっている．

ごく荒っぽい言い方をすれば，「共融混合物組成を有する液相は両成分が相溶した効果によって自由エネルギーが低くなっており，共融点において，各固相との間に平衡が成り立っている」と解釈される（図 9.7A）．厳密に定義するなら，共融点においては，「三相の自由エネルギー曲線が共通接線」（図 9.7B）を有し，例えば Si-Al の組み合わせなら，Al 固相の Si，液相中の Si, Si 固相中の Si の化学ポテンシャルが次式に示すように等しくなる，という説明になるが，詳細は本書の取り扱う範疇をいささか超えることになる．

$$(\mu_{Si})_{Al\,solid(p)} = (\mu_{Si})_{liquid(r)} = (\mu_{Si})_{Si\,solid(q)}$$
(9.6)

Al solid, Si solid, liquid：Al リッチな固相，Si リッチな固相，液相

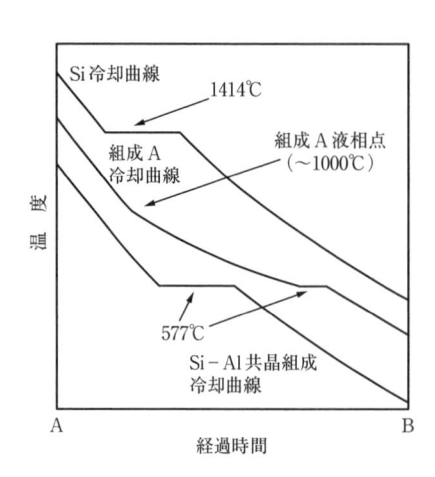

図 9.8 Si-Al 合金冷却曲線（1 bar）

p, q, r：それぞれの相の組成（$0<p$, q, $r<1$，Si モル分率）

このような相平衡の様相は，実験的にはその物質の高温からの冷却曲線の挙動に，鋭敏に反映される．図 9.8 に Si 単独の融体，共融混合物組成を有する融体，およびその中間の組成 A の融体の冷却曲線を模式的に示す．

Si 単独および共融混合物組成では，高温から一様に温度が下がり，それぞれ転移点に到達した時点で温度が全く下がらない平坦領域が出現する．そして固相がすべて析出してから，再度，温度低下が始まることになる．一方，組成 p では，一様に温度が下がったあとに，液相と Si 固相が混在した状態でのより緩やかな冷却曲線に移行する．共融点に到達した時点では，残った液相が消失するまで温度は停滞し，Si 固相-Al 固相の析出が完全に終了したのち，温度低下が再開する．

演 習 問 題

【問 9.1】 相転移，相変態

固体間の相転移について，知っている実例をあげよ．

（解）

炭素：黒鉛～ダイヤモンド，鉄：フェライト～オーステナイト～デルタフェライト，二酸化ケイ素：クォーツ（水晶）～トリジマイト～クリストバライト，など．

【問 9.2】 相転移現象の温度-圧力依存性

広い温度範囲で観測を行った場合，たとえば液体の蒸気圧は $1/T$ に対して完全に比例するのではなく，若干非直線性を有することが多くみられる．クラジウス-クラペイロンの取り扱い（式（7.105））を基に考えれば，これは液体の蒸発熱（ΔH_{trs}）自体に幾分かの温度依存性があることを意味する．

a） 液体マグネシウムの蒸気圧の温度依存性が $\log(P/\mathrm{bar})=9.91-7550/T-1.41(\log(T/K))$ である場合，液体マグネシウムの蒸発熱の温度依存性を表す式を示せ．

b） また，上で求めた温度依存性の式を用いて，1 bar における液体マグネシウムの蒸発温度，蒸発熱を計算して示せ．

(解)

a) $\Delta H_{\mathrm{trs}} = RT^2 \times d(\ln P)/dT = RT^2 \times (2.303 \times 7550/T^2 - 1.41/T)$
   $= 8.31 \times (17388 - 1.41T)$ [J/mol]

b) 液体マグネシウムの蒸発温度（1 bar）：
   $9.91 - 7550/T - 1.41(\log T) = 0 \rightarrow T = 1377$ K
   $\Delta H_{\mathrm{vap}} = (17388 - 1.41 \times 1377) \times 8.31 = 128360$ J/mol

【問 9.3】 相 律

次の文章を読んで，間違っている部分を示せ．また何故間違っているか説明を記せ．

「図 a のような二成分完全相溶系の相図を想定する．これは三次元空間の相図を $P = 1$ bar の面で切り取ったものである．この図の中の固液共存領域もまた，見た目には二次元であるが，実際には三次元的な「体」をなしていることがわかる．この「体」の領域内では，圧力・温度・組成を自由に変化させることができる．よってこの共存領域の自由度は3である」

(解)

圧力と温度が確定すると，固液共存領域内では例え仕込みの組成 x が変化しても，共存する液相と固相の組成（成分濃度）p，q は一義的に確定してしまう．このとき，斜線領域内で「自由」に変化しているのは，実は両相の「体積比」（示量変数）であって「組成」（示強変数）ではない．

実際にギブズの相律を当てはめてみると
$F = C - P + 2 = 2 - 2 + 2 = 2$（二成分二相共存の条件から）
となり，自由度は2と求められる．

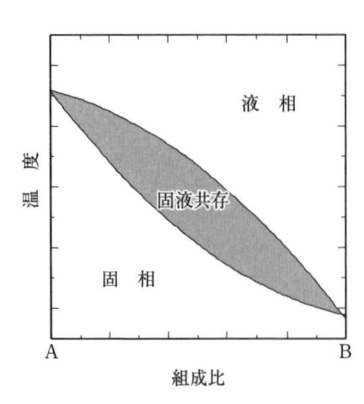

図 a　全率固溶を表す仮想的な相図
（A 成分-B 成分の系）

【問 9.4】 多成分系の状態図

図 b の相図に示すような共融点を有する固体の組み合わせにおいて，A，B，C，D，E，F，G，各領域で共存する相の数と，共存する相の名称（例：X 成分に富む固体相）を示せ．また各領域の自由度を答えよ．

(**解**)

A：共存する相の数 1，X と Y が相溶した液相のみが存在，自由度 3．

B：共存する相の数 2，A で示される液相と D で示される X 成分に富む固体相が共存．自由度 2．

C：共存する相の数 2，A で示される液相と F で示される Y 成分に富む固体相が共存．自由度 2．

D：共存する相の数 1，D で示される X 成分に富む固体相のみが存在，自由度 3．

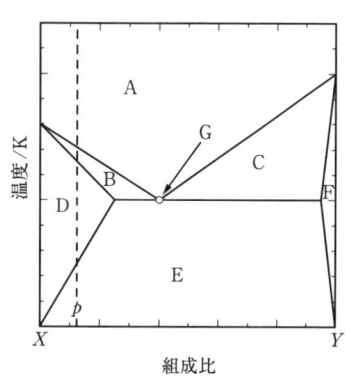

図 b 共融点を有する仮想的な相図
（X 成分-Y 成分の系）

E：共存する相の数 2，D で示される X 成分に富む固体相と F で示される Y 成分に富む固体相が共存，自由度 2．

F：共存する相の数 1，F で示される Y 成分に富む固体相のみが存在，自由度 3．

G：共存する相の数 3，A で示される液相と D，F で示されるそれぞれの固体相が共存，自由度 1．

【問 9.5】 冷却曲線

図 b の相図の中の組成 p を有する融体の冷却曲線はどのような形を呈するか，説明せよ．ただし冷却時でも，系の平衡は常に十分保たれていると考えること．

(**解**)

A 相と B 領域の境界である液相点までは速やかに温度が下がるが，液相点以下では，D 相を析出しながら，温度低下は緩やかになる．しかし B 領域と D 相の境界である固相点に到達したあとは，温度低下は再度速度を増す．どの温度でも，一定温度で長時間停滞することはない．

10 総括演習問題

[問題 10.1] 理想気体の状態方程式
(1) 1 mol の理想気体の体積は 298.15 K, 1 bar において 24.789 l である. 気体定数 R の値を [l bar K^{-1} mol^{-1}] および [J K^{-1} mol^{-1}] の単位で求めよ.
(2) 1 l の容器に 298 K で気体の N_2 1.0 g, O_2 3.0 g, CO_2 2.0 g が入っている. 各成分の示す圧力（分圧）および，全圧を求めよ.

(解)
(1) 理想気体の状態方程式（$PV=nRT$）より,
$$R=\frac{PV}{nT}=\frac{1\,\text{bar}\times 24.789\,l}{1\,\text{mol}\times 298.15\,\text{K}}=0.083143\,l\,\text{bar}\,\text{K}^{-1}\text{mol}^{-1}$$
1 bar $=10^5$ Pa $=10^5$ Nm^{-2}, 1 $l=10^{-3}$ m^3, 1 J $=$ 1 Nm の関係より,
$$R=8.3143\,\text{J}\,\text{K}^{-1}\,\text{mol}^{-1}$$

(2) 各気体の分子量 N_2 : 28, O_2 : 32, CO_2 : 44 を用い，理想気体の状態方程式より,
$$P(N_2)=\frac{nRT}{V}=\left(\frac{1.0}{28}\right)\times 0.0831\times 298=0.8844 \fallingdotseq 0.884\,\text{bar}$$
同様の計算より,
$$P(O_2)=2.321\fallingdotseq 2.32\,\text{bar},\quad P(CO_2)=1.125\fallingdotseq 1.13\,\text{bar}$$
全圧 P は各成分の示す圧力（分圧）の和に等しいので
$$P=P(N_2)+P(O_2)+P(CO_2)\fallingdotseq 4.33\,\text{bar}$$

[問題 10.2] 理想気体と実在気体
(1) 298 K で 0.50 l の容器中に存在する N_2 ガス 1 mol の圧力を，(i) 理想気体として，(ii) ファンデルワース方程式に従う気体として求めよ. ただし，ファンデルワース方程式の定数は，$a=0.197$ bar l^2 mol^{-2}, $b=0.0158\,l$ mol^{-1}

を用いるものとする．
(2) 同条件下にある N_2 ガスの圧縮因子を計算せよ．
(3) N_2 分子の直径を計算せよ．ただし，排除体積は $0.061\ l\,\mathrm{mol}^{-1}$ である．

(解)
(1) (i) 理想気体の状態方程式 $(PV=nRT)$ を用いれば，
$$P=\frac{1\,\mathrm{mol}\times 0.08314\ l\,\mathrm{bar\ K}^{-1}\,\mathrm{mol}^{-1}\times 298\,\mathrm{K}}{0.50\ l}=49.6\,\mathrm{bar}$$

(ii) ファンデルワース方程式 $\left(\left(P+a\left(\dfrac{n}{V}\right)^2\right)(V-nb)=nRT\right)$ より，

$$P=\frac{nRT}{V-nb}-a\left(\frac{n}{V}\right)^2$$
$$=\frac{1\,\mathrm{mol}\times 0.08314\ l\,\mathrm{bar\ K}^{-1}\,\mathrm{mol}^{-1}\times 298\,\mathrm{K}}{0.50\ l-1\,\mathrm{mol}\times 0.0158\ l\,\mathrm{mol}^{-1}}$$
$$-0.197\,\mathrm{bar}\ l^2\ \mathrm{mol}^{-2}\times\left(\frac{1\,\mathrm{mol}}{0.50\ l}\right)^2$$
$$=51.168\,\mathrm{bar}-0.788\,\mathrm{bar}=50.4\,\mathrm{bar}$$

(2) 圧縮因子 Z は次式より計算できる．
$$Z=\frac{P\overline{V}}{RT}=\frac{50.38\,\mathrm{bar}\times\left(\dfrac{0.50\ l}{1\,\mathrm{mol}}\right)}{0.08314\ l\,\mathrm{bar\ K}^{-1}\,\mathrm{mol}^{-1}\times 298\,\mathrm{K}}=1.017$$

(3) 排除体積 $0.061\ l\,\mathrm{mol}^{-1}=6.1\times 10^{-5}\,\mathrm{m}^3\,\mathrm{mol}^{-1}$ は，N_2 分子 1 mol の体積の 4 倍に等しいことから，
$$(N_2\text{分子}1\text{個の体積})=\frac{6.1\times 10^{-5}\,\mathrm{m}^3\,\mathrm{mol}^{-1}}{4\times 6.02\times 10^{23}\,\mathrm{mol}^{-1}}=2.53\times 10^{-29}\,\mathrm{m}^3$$

N_2 分子の直径 d m とすると，この体積は $\dfrac{4}{3}\pi\left(\dfrac{d}{2}\right)^3$ に等しい．したがって，
$$d=3.64\times 10^{-10}\,\mathrm{m}=364\,\mathrm{pm}$$

[問題 10.3] 気体分子運動論
(1) 298 K における O_2 分子の平均速度，根平均二乗の速さ，最も確率の高い速さを求めよ．
(2) 298 K における O_2 分子のドブロイ波長を求めよ．
(3) 体積が 1 l の立方体の箱の中の O_2 分子の持つ最小の並進運動エネルギー

を求めよ．

(解)

(1) 平均速度

$$\overline{V} = \sqrt{\frac{8RT}{\pi M}} = \sqrt{\frac{8 \times 8.314 \text{ J K}^{-1} \text{ mol}^{-1} \times 298 \text{ K}}{\pi \times 32 \times 10^{-3} \text{ kg mol}^{-1}}} = 444 \text{ m s}^{-1}$$

根平均二乗の速さ

$$\sqrt{\overline{V^2}} = \sqrt{\frac{3RT}{M}} = \sqrt{\frac{3 \times 8.314 \text{ J K}^{-1} \text{ mol}^{-1} \times 298 \text{ K}}{32 \times 10^{-3} \text{ kg mol}^{-1}}} = 482 \text{ m s}^{-1}$$

最も確率の高い速さ

$$\alpha = \sqrt{\frac{2RT}{M}} = \sqrt{\frac{2 \times 8.314 \text{ J K}^{-1} \text{ mol}^{-1} \times 298 \text{ K}}{32 \times 10^{-3} \text{ kg mol}^{-1}}} = 394 \text{ m s}^{-1}$$

(2) 下記の式より運動量 mV を求める．

$$\frac{1}{2}mV^2 = \frac{3}{2}kT$$

$$mV = \sqrt{3mkT} = \sqrt{3 \times \frac{32 \times 10^{-3} \text{ kg mol}^{-1}}{6.02 \times 10^{23} \text{ mol}^{-1}} \times 1.38 \times 10^{-23} \text{ J K}^{-1} \times 298 \text{ K}}$$

$$= 2.561 \times 10^{-23} \text{ kg m s}^{-1} \quad (1 \text{ J} = 1 \text{ kg m}^2\text{s}^{-2})$$

ド・ブロイの式に代入して，

$$\lambda = \frac{h}{mV} = \frac{6.626 \times 10^{-34} \text{ J s}}{2.5608 \times 10^{-23} \text{ kg m s}^{-2}} = 2.587 \times 10^{-11} \text{ m} = 258.7 \text{ nm}$$

(3) 箱の中の粒子の並進エネルギー $\varepsilon_{\text{trans}(m_x, m_y, m_z)}$ は次式で表される．

$$\varepsilon_{\text{trans}(m_x, m_y, m_z)} = (n_x^2 + n_y^2 + n_z^2) \times \frac{h^2}{8ma^2} \begin{cases} n_x = 1, 2, 3, \cdots \\ n_y = 1, 2, 3, \cdots \\ n_z = 1, 2, 3, \cdots \end{cases}$$

最小のエネルギー状態では，量子数 $n_x = n_y = n_z = 1$ であるから，

$$\varepsilon_{\text{trans}(1,1,1)} = 3 \times \frac{(6.626 \times 10^{-34} \text{ J s})^2}{8 \times \left(\dfrac{32 \times 10^{-3} \text{ kg mol}^{-1}}{6.02 \times 10^{23} \text{ mol}^{-1}}\right) \times (0.1 \text{ m})^3} = 3 \times 1.032 \times 10^{-39}$$

$$= 3.10 \times 10^{-39} \text{ J}$$

［問題 10.4］　気体分子の振動エネルギーとボルツマン分布

(1) N_2 分子の持つ最小の振動エネルギーを求めよ．ただし，N_2 分子の $v=0$ から $v=1$ への基本振動遷移は波数 2330 cm^{-1} に対応する．

(2) 298 K,1 mol の N_2 分子において,$v=0, 1, 2$ の各振動準位に存在する N_2 分子数を求めよ.

(解)

(1) 振動エネルギー ε_{vib} は次式で表される.

$$\varepsilon_{vib} = \left(v + \frac{1}{2}\right) h\nu_{vib} \quad (v = 0, 1, 2, 3 \cdots)$$

$v=0$ において最小の振動エネルギーをとるので,

$$\varepsilon_{vib} = \frac{1}{2} h\nu_{vib} = \frac{1}{2} \times \frac{hc}{\lambda_{vib}} = \frac{1}{2} \times \frac{6.626 \times 10^{-34}\,\text{J s} \times 2.997 \times 10^{8}\,\text{m}}{(2330)^{-1} \times 10^{-2}\,\text{m}}$$

$$= 2.313 \times 10^{-20}\,\text{J}$$

(2) 連続した振動状態間のエネルギー差

$$\Delta\varepsilon_{vib} = \left((v+1) + \frac{1}{2}\right) h\nu_{vib} - \left(v + \frac{1}{2}\right) h\nu_{vib} = h\nu_{vib} = 4.626 \times 10^{-20}\,\text{J}$$

分配関数 q_{vib} は次式で表されるので,

$$q_{vib} = \frac{1}{1 - \exp\left(-\dfrac{\Delta\varepsilon_{vib}}{kT}\right)} = \frac{1}{1 - \exp\left(\dfrac{-4.626 \times 10^{-20}\,\text{J}}{1.38 \times 10^{-23}\,\text{J K}^{-1} \times 298\,\text{K}}\right)} = 1.00001302$$

最低エネルギー状態の N_2 分子数 N_0 と N_2 分子の総数 N には次の関係があるので,

$$N_0 = \frac{N}{q_{vib}} = \frac{6.02 \times 10^{23}}{1.000013} = 6.0199 \times 10^{23}$$

これより,$v=0$ の N_2 分子数 $N_{v=0} = 6.0199 \times 10^{23}$

ボルツマン分布の式を用い,$v=1, 2$ の状態にある N_2 分子数を計算すると,

$v=1$ での N_2 分子数 $N_{v=1} = N_{v=0} \times \exp\left(\dfrac{-\Delta\varepsilon_{vib}}{kT}\right) = 7.8389 \times 10^{18}$

$v=2$ での N_2 分子数 $N_{v=2} = N_{v=0} \times \exp\left(\dfrac{-2\Delta\varepsilon_{vib}}{kT}\right) = 1.0207 \times 10^{14}$

[**問題 10.5**] 等温変化

298 K,1 mol の理想気体が,外圧を 20 bar から 1 bar にすると等温可逆的に膨張した.

(1) 気体のした仕事を求めよ.
(2) 内部エネルギーおよびエンタルピー変化を計算せよ.

(3) 気体の吸収した熱量を求めよ．

(解)

(1) 外圧 20 bar での体積を V_1，1 bar では V_2 とすると，ボイルの法則より，
$V_2 = 20\,V_1$

等温可逆的に膨張するので，

$$\text{仕事 } W = -\Delta U_{\text{mech}} = -\int_{V_1}^{V_2} P\,dV = -nRT\int_{V_1}^{V_2}\frac{dV}{V} = -nRT\ln\left(\frac{V_2}{V_1}\right)$$

$$= -1\text{ mol} \times 8.314\text{ J mol}^{-1}\text{K}^{-1} \times 298\text{ K} \times \ln\left(\frac{20\,V_1}{V_1}\right) = -7422.1\text{ J}$$

(2) 等温変化であるので，

内部エネルギー変化　$\Delta U = 0$ J

エンタルピー変化　　$\Delta H = 0$ J

(3) 熱量 $Q = -\Delta U_{\text{therm}} = \Delta U + \Delta U_{\text{mech}} = \Delta U - W = 0 - (-7422.1) = 7422.1$ J

［**問題 10.6**］ 等温，断熱変化

直径 20 cm のピストン付き容器に，298 K の単原子分子からなる理想気体 1 mol が入っている．

(1) 298 K において，1 bar から 10 bar へと等温可逆的に圧縮した．系になされた仕事を求めよ．

(2) 外圧 10 bar の下で，ピストンを 20 cm 動かし系を圧縮した際の仕事を求めよ．

(3) 298 K，1 bar から断熱可逆的に加圧し 10 bar にしたときの気体の温度を求めよ．

(解)

(1) 等温可逆的な圧縮であるので，

$$\text{仕事 } W = -nRT\ln\left(\frac{P_1}{P_2}\right) = -1\text{ mol} \times 8.314\text{ J mol}^{-1}\text{K}^{-1} \times 298\text{ K} \times \ln\left(\frac{1\text{ bar}}{10\text{ bar}}\right)$$

$$= 5704.8\text{ J}$$

(2) 圧縮による体積変化 $\Delta V = \pi \times 10^2 \times 20 = 6.283 \times 10^{-3}$ m^3

定圧下での変化であるので，

$$\text{仕事 } W = -\int_{V_1}^{V_2} P\,dV = -P(V_2 - V_1) = -P\Delta V = 10\text{ bar} \times 6.283 \times 10^{-3}\text{ m}^3$$

$$= 6.28 \times 10^2\text{ J}\quad (1\text{ bar} = 10^5\text{ Nm}^{-2},\ 1\text{ J} = 1\text{ Nm})$$

(3) 理想気体の断熱可逆変化における温度と圧力の関係は次式で表され,

$$\frac{T_2}{T_1} = \left(\frac{P_2}{P_1}\right)^{\frac{\gamma-1}{\gamma}} \quad \gamma = \frac{C_p}{C_V} = \frac{C_V + R}{C_V}$$

単原子分子では $C_V = \frac{3}{2}R$ であるので,$\gamma = \frac{5}{3}$

10 bar に加圧後の温度を T とすると,

$$T = 298 \text{ K} \times \left(\frac{10 \text{ bar}}{1 \text{ bar}}\right)^{\frac{\left(\frac{5}{3}\right)-1}{\frac{5}{3}}} = 748.5 \text{ K}$$

[問題 10.7] 仕事効率

(1) 100 ℃ の沸騰したお湯と,0 ℃ の氷を利用した可逆機関を用いて得ることができる最大仕事効率を求めよ.
(2) 屋外が 35 ℃ のとき,エアコンを作動させ室温を 28 ℃ に冷却したい.このエアコンの冷却効率を計算せよ.また,10 kJ s^{-1} で熱をくみ出すのに必要な最小電力を求めよ.

(解)

(1) 最大仕事効率 η は,

$$\eta = \frac{T_H - T_L}{T_H} = \frac{373 \text{ K} - 273 \text{ K}}{373 \text{ K}} = 0.268$$

(2) 冷却効率 η は,

$$\eta = \frac{T_L}{T_H - T_L} = \frac{301 \text{ K}}{308 \text{ K} - 301 \text{ K}} = 43$$

くみ出す熱量 $Q = 10$ kJ s^{-1} = 10 kW であるので

$$(最小電力) = \frac{Q}{\eta} = \frac{10000 \text{ W}}{43} = 233 \text{ W}$$

[問題 10.8] エンタルピー

(1) CH_4(g) と C_6H_6(l) の標準生成エンタルピーを求めよ.ただし,CO_2(g) と H_2O(l) の生成エンタルピーは順に -393.51,-285.84 kJ mol^{-1},CH_4(g) および C_6H_6(l) の燃焼熱は順に,-890.35,-3267.6 kJ mol^{-1} である.
(2) 298 K,1 bar において,熱量計を用いて計測した黒鉛とダイヤモンドの燃焼熱が順に,-393.51,-395.40 kJ mol^{-1} である.黒鉛のダイヤモンド

への転移によるエンタルピー変化を求めよ.

(3) (1) で求めた CH_4 (g) の標準生成エンタルピーを用い,その C-H 結合エネルギーを計算せよ.ただし,黒鉛の原子化エネルギーと H_2 (g) の解離エネルギーは 715.0, 218.0 kJ mol^{-1} である.

(解)

(1)

(a) C (s) $+ O_2$(g) $\to CO_2$(g)　　　　　$\Delta H_{f(CO_2)} = -393.51$ kJ mol^{-1}

(b) H_2 (g) $+ \dfrac{1}{2}O_2$(g) $\to H_2O$(l)　　　$\Delta H_{f(H_2O)} = -285.84$ kJ mol^{-1}

(c) CH_4 (g) $+ 2O_2$(g) $\to CO_2$(g) $+ 2H_2O$(l)　　$\Delta H_{comb(CH_4)} = -890.35$ kJ mol^{-1}

(d) C_6H_6 (l) $+ \dfrac{15}{2}O_2$(g) $\to 6CO_2$(g) $+ 3H_2O$(l)　$\Delta H_{comb(C_6H_6)} = -3267.6$ kJ mol^{-1}

CH_4 (g) の標準生成エンタルピー $\Delta H_{f(CH_4)}$ とすると,

$\Delta H_{comb(CH_4)} = \Delta H_{f(CO_2)} + 2 \times \Delta H_{f(H_2O)} - \Delta H_{f(CH_4)} - 2 \times \Delta H_{f(O_2)}$ であるので,

$\Delta H_{f(CH_4)} = (-393.51) + 2 \times (-285.84) - (-890.35) - 2 \times 0 = -74.84$ kJ mol^{-1}

同様に,C_6H_6 (g) の標準生成エンタルピー $\Delta H_{f(C_6H_6)}$ とすると,

$\Delta H_{comb(C_6H_6)} = 6 \times \Delta H_{f(CO_2)} + 3 \times \Delta H_{f(H_2O)} - \Delta H_{f(C_6H_6)} - \dfrac{15}{2} \times \Delta H_{f(O_2)}$ より,

$\Delta H_{f(C_6H_6)} = 6 \times (-393.51) + 3 \times (-285.84) - (-3267.6) - \dfrac{15}{2} \times 0 = 49.02$ kJ mol^{-1}

(2)

(e) C (黒鉛) $+ O_2$(g) $\to CO_2$(g)　　　　$\Delta H_{comb(黒鉛)} = -393.51$ kJ mol^{-1}

(f) C (ダイヤモンド) $+ O_2$(g) $\to CO_2$(g)　$\Delta H_{comb(ダイヤモンド)} = -395.40$ kJ mol^{-1}

(e)-(f) より,C (黒鉛) $\to$ C (ダイヤモンド) の転移によるエンタルピー変化は,

$\Delta H_{comb(黒鉛)} - \Delta H_{comb(ダイヤモンド)} = (-393.51) - (-395.40) = 1.89$ kJ mol^{-1}

(3)

(g) C (黒鉛) $+ 2H_2$(g) $\to CH_4$(g)　　$\Delta H_{f(CH_4)} = -74.84$ kJ mol^{-1}

(h) C (黒鉛) $\to C$ (g)　　　　　　$\Delta H = 715.0$ kJ mol^{-1}

(i) $\dfrac{1}{2}H_2$(g) $\to H$(g)　　　　　$\Delta H = 218.0$ kJ mol^{-1}

(g)-(h)-4×(i) より,

C (g) + 4H(g) → CH$_4$(g) の反応エンタルピー変化は

$(-74.84) - 715.0 - 4 \times 218.0 = -1661.8 \text{ kJ mol}^{-1}$

CH$_4$ は 4 つの C-H 結合を持つので,

(C-H 結合エネルギー) $= -1661.8 \div 4 = -415.5 \text{ kJ mol}^{-1}$

[**問題 10.9**] 等温体積変化によるエントロピー変化

(1) 298 K,3 bar の理想気体 1 mol を等温可逆的に 1 l から 10 l へと膨張させたときの,エントロピー変化を求めよ.

(2) バルブで隔てられた体積比 3:2:1 の 3 つの容器に,大きいほうから順に CH$_4$ が 10 mol,C$_2$H$_6$ が 5 mol,C$_3$H$_8$ が 2 mol 入っている.理想気体として取り扱い,温度を一定の下,バルブを開いて気体を混合した際のエントロピー変化を計算せよ.

(**解**)

(1) 等温可逆変化であるので,$\Delta U = 0$.したがって,

$$\Delta U_{\text{therm}} = -\Delta U_{\text{mech}} = -\int_{V_1}^{V_2} P dV = -nRT \ln\left(\frac{V_2}{V_1}\right) \text{ より,}$$

エントロピー変化 $\Delta S = -\Delta S_{\text{therm}} = -\frac{\Delta U_{\text{therm}}}{T} = nR \ln\left(\frac{V_2}{V_1}\right)$

$$= \frac{3 \text{ bar} \times 1 \, l}{0.08314 \, l \text{ bar K}^{-1} \text{mol}^{-1} \times 298 \text{ K}} \times 8.314 \text{ J K}^{-1} \times \ln\left(\frac{10 \, l}{1 \, l}\right)$$

(2) 最も小さい容器の体積を V とすると,

エントロピー変化 $\Delta S = \Delta S_{\text{CH}_4} + \Delta S_{\text{C}_2\text{H}_6} + \Delta S_{\text{C}_3\text{H}_8}$

$$= 10R \ln\left(\frac{6V}{3V}\right) + 5R \ln\left(\frac{6V}{2V}\right) + 2R \ln\left(\frac{6V}{V}\right) = 133.1 \text{ J K}^{-1}$$

[**問題 10.10**] 温度変化によるエントロピー変化

窒素ガスの定圧モル熱容量が次式で表されるとして,以下の問いに答えよ.

$\overline{C_p^{\circ}}$ [J K^{-1} mol^{-1}] $= 28.58 + 3.76 \times 10^{-3} \times T$

(1) 1 bar の下で 3 mol の窒素ガスを 298 K から 1000 K へと加熱した際のエンタルピー変化を求めよ.

(2) 1 bar の下で 1 mol の液体窒素が 298 K の気体へと変化する際のエントロピー変化を求めよ.ただし,液体窒素の沸点は 77 K であり,その蒸発熱は 5.58 kJ mol^{-1} とする.

(**解**)

(1) 定圧下でのエンタルピー変化 ΔH であるので，

$$\Delta H = n \times \int_{T_1}^{T_2} \overline{C_p^\circ} dT = 3 \times \int_{298}^{1000} (28.58 + 3.76 \times 10^{-3} \times T) dT$$

$$= 3 \times \{28.58 \times (1000 - 298) + (3.76 \times 10^{-3}/2) \times (1000^2 - 298^2)\}$$

$$= 65328 \text{ J} = 65.33 \text{ kJ}$$

(2) 蒸発によるエントロピー変化は，

$$\Delta S_{vap} = \frac{\Delta H_{vap}}{T_{vap}} = \frac{5.58 \times 10^3}{77} = 72.46 \text{ J K}^{-1}$$

温度変化によるエントロピー変化は，

$$\Delta S_T = \int_{T_1}^{T_2} \frac{\overline{C_p^\circ}}{T} dT = \int_{77}^{298} \frac{(28.58 + 3.76 \times 10^{-3} \times T)}{T} dT$$

$$= 28.58 \times \ln(298/77) + 3.76 \times 10^{-3} \times (298 - 77) = 39.50 \text{ J K}^{-1}$$

したがって，エントロピー変化 $\Delta S = \Delta S_{vap} + \Delta S_T = 72.46 + 39.50 = 112 \text{ J K}^{-1}$

[**問題 10.11**] 平衡定数の温度変化

298 K におけるアンモニアの標準生成エンタルピーは $-46.1 \text{ kJ mol}^{-1}$ である．アンモニアの生成反応 $((1/2)N_2(g) + (3/2)H_2(g) = NH_3(g))$ に関する次の問いに答えよ．

(1) 298 K における NH_3 の標準生成ギブズエネルギーおよび，圧平衡定数を求めよ．ただし，H_2，N_2，NH_3 の標準エントロピーは順に 131, 192, 192 $\text{J K}^{-1} \text{mol}^{-1}$ である．

(2) 773 K でのアンモニアの生成反応における標準エンタルピーを求めよ．定圧モル熱容量 $\overline{C_p^\circ}$ [J K^{-1} mol^{-1}] は次式で表されるとする．

$H_2(g) : \overline{C_p^\circ} = 27.28 + 3.26 \times 10^{-3} \times T + 0.50 \times 10^5 \times T^{-2}$

$N_2(g) : \overline{C_p^\circ} = 28.58 + 3.76 \times 10^{-3} \times T - 0.50 \times 10^5 \times T^{-2}$

$NH_3(g) : \overline{C_p^\circ} = 29.75 + 25.10 \times 10^{-3} \times T - 1.55 \times 10^5 \times T^{-2}$

(3) 1 bar，773 K におけるアンモニアの生成反応の圧平衡定数を求めよ．

(**解**)

(1) $NH_3(g)$ の標準生成エンタルピー $\Delta H_{f(NH_3)} = -46.1 \times 10^3 \text{ J mol}^{-1}$

$NH_3(g)$ の生成に伴うエントロピー変化は，

$$\Delta S = S_{NH_3} - \left(\frac{1}{2}S_{N_2} + \frac{3}{2}S_{H_2}\right) = 192 - \left(\frac{1}{2}\times 192 + \frac{3}{2}\times 131\right) = -101 \text{ J K}^{-1}\text{ mol}^{-1}$$

標準生成ギブズエネルギーは，

$$\Delta G° = \Delta H° - T\Delta S = (-46.1\times 10^3) - 298\times(-101) = -16\times 10^3 \text{ J mol}^{-1}$$

圧平衡定数を K_p とすると，$\Delta G° = -RT\ln K_p$ より，

$$K_p = \exp\left(-\frac{\Delta G°}{RT}\right) = \exp\left(-\frac{-16\times 10^3}{8.314\times 298}\right) = 638$$

(2) 298 K における標準生成エンタルピー $\Delta H°_{298} = -46.1\times 10^3$ J mol^{-1}

定圧モル熱容量の変化は

$$\Delta \overline{C°_p} = \overline{C°_{pNH_3}} - \frac{1}{2}\overline{C°_{pN_2}} - \frac{3}{2}\overline{C°_{pH_2}} = -25.46 + 18.33\times 10^{-3}\times T - 2.05\times 10^5\times T^{-2}$$

773 K における標準生成エンタルピー $\Delta H°_{773}$ とすると，

$$\Delta H°_{773} = \Delta H°_{298} + \int_{298}^{773} \Delta C°_p\, dT$$

$$= -46.1\times 10^3 + \left[-25.46\times T + \frac{18.33\times 10^{-3}}{2}\times T^2 + 2.05\times 10^5\times T^{-1}\right]_{298}^{773}$$

$$= -46.1\times 10^3 - 7853.7 = -53.95\times 10^3 \text{ J}$$

(3) ギブズ-ヘルムホルツの式

$$\left[\frac{\partial\left(\frac{\Delta G}{T}\right)}{\partial T}\right]_p = -\frac{\Delta H}{T^2} \text{ に } \Delta G° = -RT\ln K_p \text{ を代入すると，} \frac{d\ln K_p}{dT} = \frac{\Delta H}{RT^2}$$

これより，$\ln(K_{pT_2}) - \ln(K_{pT_1}) = -\frac{\Delta H}{R}\left(\frac{1}{T_2} - \frac{1}{T_1}\right)$

773 K における圧平衡定数を K_{p773} とすると，

$$\ln(K_{p773}) = \ln(K_{p298}) - \frac{\Delta H}{R}\left(\frac{1}{773} - \frac{1}{298}\right) = 6.4579 - \frac{-53.95\times 10^3}{8.314}\left(\frac{1}{773} - \frac{1}{298}\right)$$

$$= -6.922$$

$K_{p773} = 9.851\times 10^{-4}$

[問題 10.12] 物質の化学平衡

N_2O_4(g) の分解は平衡反応 (N_2O_4(g) = 2NO_2(g)) であり，298 K，1 bar にて 1 mol の N_2O_4(g) を容器に入れたところ，NO_2(g) との平衡混合物となった．各気体を理想気体として取り扱い，次の問いに答えよ．

(1) 圧平衡定数を求めよ．ただし，$N_2O_4(g)$ および $NO_2(g)$ の標準生成ギブズエネルギーは順に，97.79，51.26 kJ mol^{-1} である．

(2) 平衡状態では $N_2O_4(g)$ と $NO_2(g)$ のどちらが多く存在するか考察せよ．

(3) $N_2O_4(g)$ の解離度を求めよ．

(解)

(1) $\Delta G° = 2\Delta G°_{NO_2} - \Delta G°_{N_2O_4} = 2 \times 51.26 \times 10^3 - 97.79 \times 10^3 = 4.73 \times 10^3$ J

圧平衡定数を K_p とすると，$\Delta G° = -RT \ln K_p$ より，

$$K_p = \exp\left(-\frac{\Delta G°}{RT}\right) = \exp\left(-\frac{4.73 \times 10^3}{8.314 \times 298}\right) = 0.1482$$

(2) 圧平衡定数 $K_p < 1$ であるので，$N_2O_4(g)$ のほうが多く存在する．

(3) $N_2O_4(g)$ の解離度を α とすると，平衡状態では，$N_2O_4(g)$ が $1-\alpha$ mol，$NO_2(g)$ が 2α mol 存在する．

全圧を P としたときの分圧は，

$$P_{N_2O_4} = \frac{1-\alpha}{1+\alpha}P \quad P_{NO_2} = \frac{2\alpha}{1+\alpha}P$$

圧平衡定数 $K_p = \dfrac{P_{NO_2}{}^2}{P_{N_2O_4}} = \dfrac{4\alpha^2}{1-\alpha^2}P$ であるので，

$$\alpha = \sqrt{\frac{K_p}{4P + K_p}} = \sqrt{\frac{0.1482}{4 \times 1 + 0.1482}} = 0.1890$$

[問題 10.13] クラウジウス-クラペイロンの式

(1) 圧力 1 bar 下における，ベンゼンの沸点は 352.8 K であり，蒸発熱は 30.76 kJ mol^{-1} である．蒸発によるエントロピー変化を計算せよ．

(2) ベンゼンは 0.7 bar の下では何 K で沸騰するか計算せよ．

(3) 323 K におけるベンゼンの蒸気圧を求めよ．

(解)

(1) 蒸発によるエントロピー変化

$$\Delta S_{vap} = \frac{\Delta H_{vap}}{T_{vap}} = \frac{30.76 \times 10^3}{352.8} = 87.18 \text{ J K}^{-1}$$

(2) クラウジウス-クラペイロンの式より

$$\ln\left(\frac{P_2}{P_1}\right) = -\frac{\Delta H_{vap}}{R}\left(\frac{1}{T_2} - \frac{1}{T_1}\right)$$

0.7 bar でのベンゼンの沸点を T K とすると,

$$\ln\left(\frac{0.7 \text{ bar}}{1 \text{ bar}}\right) = -\frac{30.76 \times 10^3 \text{ J mol}^{-1}}{8.314 \text{ J mol}^{-1} \text{ K}^{-1}}\left(\frac{1}{T \text{ K}} - \frac{1}{352.8 \text{ K}}\right)$$

$T = 341.2$ K

(3) 323 K におけるベンゼンの蒸気圧を P とすると,

$$\ln\left(\frac{P}{1 \text{ bar}}\right) = -\frac{30.76 \times 10^3 \text{ J mol}^{-1}}{8.314 \text{ J mol}^{-1} \text{ K}^{-1}}\left(\frac{1}{323 \text{ K}} - \frac{1}{352.8 \text{ K}}\right), \quad P = 0.38 \text{ bar}$$

[問題 10.14] 浸透圧, 凝固点降下

水 1 l に塩化ナトリウムを 9 g を溶かした水溶液に関する以下の問いに答えよ.

(1) 298 K における浸透圧を求めよ.
(2) 凝固点降下および, 凝固点を求めよ. ただし, 圧力は 1 bar, 純水の凝固点は 273 K, 融解エンタルピーは 6.012 kJ mol^{-1} である.

(解)

(1) 塩化ナトリウムは Na$^+$ と Cl$^-$ に電離するので, 溶質の物質量 n は

$$n = 2 \times \frac{9 \text{ g}}{58.5 \text{ g mol}^{-1}} = 0.3076 \text{ mol}$$

ファント-ホッフの式より,

浸透圧 $\pi = \dfrac{nRT}{V} = \dfrac{0.3076 \text{ mol} \times 0.08314 \text{ } l \text{ bar K}^{-1} \text{ mol}^{-1} \times 298 \text{ K}}{1 \text{ } l} = 7.62$ bar

(2) 水 1 l に塩化ナトリウムを溶かして調製した溶液の質量モル濃度 m は,

$$m = \frac{9 \text{ g}}{58.5 \text{ g mol}^{-1}} = 0.3076 \text{ mol kg}^{-1}$$

凝固点降下 $\Delta T_\text{f} = K_\text{f} \times m$, 凝固点降下定数 $K_\text{f} = \dfrac{R T_\text{fp}^2 M_\text{A}}{\Delta H_\text{fus}}$ より,

$$K_\text{f} = \frac{8.314 \text{ J mol}^{-1} \text{ K}^{-1} \times (273 \text{K})^2 \times 18 \times 10^{-3} \text{ kg mol}^{-1}}{6.012 \times 10^3 \text{ J mol}^{-1}} = 1.86 \text{ K kg mol}^{-1}$$

したがって,

凝固点降下 $\Delta T_\text{f} = 1.86 \times 0.3076 = 0.572$ K

溶液の凝固点 $T = T_\text{f} - \Delta T_\text{f} = 273 - 0.572 = 272.4$ K

参 考 文 献

〈物理化学教科書（含熱力学）〉
G. M. Barrow 著，大門　寛・堂免一成訳：バーロー物理化学（上）第6版，東京化学同人，1999
P. W. Atkins 著，千原秀昭・中村亘男訳：アトキンス物理化学（上）（下）第6版，東京化学同人，2001

〈熱力学全般〉
君嶋義英：熱力学，基礎からわかる物理学2巻，朝倉書店，2008
小暮陽三：ゼロから学ぶ熱力学，講談社，2001
小島和夫：改訂版化学技術者のための熱力学，培風館，1996
小宮山宏：入門熱力学，培風館，1996
日本機械学会編：熱力学，2002
原田義也：修訂版化学熱力学，裳華房，2002
村上雅人：なるほど熱力学，海鳴社，2004

〈統計力学〉
阿部龍蔵：熱・統計力学入門，サイエンス社，2003
戸田盛和：熱・統計力学，岩波書店，1983
長岡洋介：統計力学，岩波書店，1994

〈エントロピー〉
戸田盛和：エントロピーのめがね，岩波書店，1987
渡辺　啓：エントロピーから化学ポテンシャルまで，裳華房，1997

〈相図・状態図〉
長崎誠三，平林眞編著：二元合金状態図集，アグネ技術センター，2001
山口明良：プログラム学習相平衡状態図の見方・使い方，講談社，1997
D. R. Gaskell：Introduction to the Thermodynamics of Materials, 5th Ed., Taylor & Francis, 2008
R. DeHoff：Thermodynamics in Materials Science, 2nd Ed., Taylor & Francis（A CRC PRESS BOOK），2006

〈演習問題〉
上松敬禧，中野勝之，多田旭男，広瀬　勉：右脳式演習で学ぶ物理化学—熱力学と反応速度．三共出版，1993
早稲田嘉夫：新版理工系学生・エンジニアのための熱力学-問題とその解き方，アグネ技術センター，2001
渡辺　啓：演習化学熱力学（改訂版），サイエンス社，2003

索　引

ア　行

圧縮因子　32, 37
圧平衡定数　133
圧力変化に伴うエントロピー変化　115
アボガドロ定数　3, 4, 22, 50
アボガドロの原理　22

位相空間　53
位置エネルギー　68

運動エネルギー　68

永久機関　98
液化　36
液相線　167, 168
SI単位　4
エネルギー固有値　60
エネルギー等分配の法則　59
エンジン　92
エンタルピー　12, 75, 179
　──変化　78
エントロピー　12, 100

温度　8
温度変化に伴うエントロピー変化　114, 115, 116

カ　行

開放系　11
化学平衡　13, 130
化学変化に伴うエントロピー変化　117
化学ポテンシャル　127, 150, 163, 167
化学量論係数　132
可逆的過程　15

可逆変化　90
活量　152
活量係数　153
カルノー　91
　──効率　123
カルノー・サイクル　93, 113
換算変数　37
完全気体　23

機械的エネルギー　69
気相線　168
気体定数　23, 50
気体分子運動論　25, 175
気体分子の振動エネルギーとボルツマン分布　176
ギブズ自由エネルギー　118
ギブズ-ヘルムホルツの式　126
基本単位　4
基本物理定数　5
凝固点降下定数　156
凝縮　35
　──相　162
共晶点　169
共融混合物組成　169
共融点　169
巨視的世界観　1

組立単位　4
クラウジウス　91
クラウジウス-クラペイロンの式　141, 164, 184
クラウジウスの不等式　112
クラペイロンの式　139, 164

系　68
　──の位置エネルギー　73
　──の運動エネルギー　73

――の自由度　165
ゲイ・リュサックの法則　22

構造化学　3
国際単位　4
固　溶　169
固相線　167
孤立系　11
根平均二乗速度　27

サ　行

最大仕事の原理　120
三重点　137

示強性　8
示強変数　165
仕　事　11
　――効率　96,114,179
実在気体　32
質量モル濃度　145
シャルルの法則　21
周　囲　68
自由エネルギー曲線　170
自由度　164
縮退度　60
準静的変化　90
蒸気圧　36
　――降下　154
状態関数　14
状態数　53
衝突回数　29
衝突直径　31
衝突パラメータ　31
示量性　8
示量変数　165
浸透圧　157
浸透圧，凝固点降下　185

スターリングの公式　48

世　界　12
析　出　177
摂氏温度　21

絶対温度　22
接頭辞　5
全　圧　24
全衝突回数　29
全率固溶　167

相　136
相境界　139
相　図　137,164
相転移　137,161
相平衡　137
相　律　165
束一的性質　154

タ　行

第一法則　12
対応状態の法則　37
第三法則　12
体積弾性率　162
第二法則　12
第零法則　10
多　形　161
断熱過程　14
断熱系　11
断熱変化　90

超臨界　138
調和振動子　59

通常沸点　137

定圧過程　14
定容過程　14
転移温度　137
電気的エネルギー　69
電磁気学　3

等温過程　14
等温体積変化によるエントロピー変化　181
等温，断熱変化　178
等温変化　90,177
　――によるエントロピー変化　181
導関数の順序交換条件　124

索　引　　　189

統計力学　3, 42
ドルトンの分圧の法則　24
トルトンの法則　102, 114

ナ　行

内部エネルギー　11, 57, 60, 69
　　――変化　70

ニュートン力学　3

熱　8
熱機関　92, 116
熱的周囲　68
熱平衡　10
熱力学　3
熱力学第一法則　72
熱力学第二法則　98
熱力学第三法則　107
熱力学的平衡　13
　　――定数　132
燃料電池　122

ハ　行

半透膜　157
反応進行度　130
反応速度論　3
反応熱　78
　　――の温度依存性　82
反応比　131

ビクトルマイヤー法　24
微視的世界観　1
PV仕事　12
非膨張仕事の最大効率　122
標準エンタルピー変化　77
標準エントロピー　108
標準化学ポテンシャル　129
標準生成ギブズ自由エネルギー　121
標準反応ギブズ自由エネルギー　121
標準沸点　137
ビリアル式　33

ファンデルワールス係数　34, 37
ファンデルワールスの式　33
ファントホッフの式　135, 167
不可逆過程　15
　　――でのエントロピー変化　116
不可逆変化　90
フガシティ　129
　　――係数　129
物質の化学平衡　183
沸点上昇　155
　　――定数　156
物理化学　3
部分モル体積　148
部分モル量　149
プランク定数　60
分　圧　24
分子間相互作用　32
分配関数　53
分布関数　60

平均自由行程　29
平衡定数　132
　　――の温度変化　182
閉鎖系　11
並進運動エネルギー　26
ヘスの法則　81
ヘルムホルツ自由エネルギー　118
変　態　161
ヘンリーの法則　151

ボイルの法則　21
飽和蒸気圧　168
ボルツマン因子　53
ボルツマン定数　28, 50
ボルツマン分布式　4
ボルツマン分布　53, 60
ボルツマン分布則　3

マ　行

マックスウェル分布　51
マックスウェル-ボルツマンの速度分布　50
マックスウェルの関係式　124

モルエントロピー　163
モル熱容量　70
モル分率　24,144

ヤ　行

容量モル濃度　144

ラ　行

ラウールの法則　151
ラグランジュの未定乗数法　47,48

力学的周囲　68
力学的平衡　13
理想気体　20,23
　　——と実在気体　174
　　——の状態方程式　23,174
　　——の内部エネルギー　49
理想希薄溶液　151
理想溶液　147
量子化学　3
量子力学　3
臨界圧力　36
臨界温度　36
臨界定数　36
臨界点　36,138
臨界モル体積　36

ル・シャトリエの原理　134

冷却曲線　171

熱力学―基礎と演習―　　　　　　　　　定価はカバーに表示

2010 年 3 月 25 日　初版第 1 刷
2025 年 9 月 5 日　　　第16刷

著　者　山　下　弘　巳
　　　　杉　村　博　之
　　　　町　田　正　人
　　　　森　口　　　勇
　　　　田　邉　秀　二
　　　　成　澤　雅　紀
　　　　齊　藤　丈　靖
　　　　古　南　　　博
　　　　森　　　浩　亮
　　　　亀　川　　　孝
発行者　朝　倉　誠　造
発行所　株式会社　朝　倉　書　店
　　　　東京都新宿区新小川町 6-29
　　　　郵便番号　162-8707
　　　　電話 03(3260)0141
　　　　FAX 03(3260)0180
　　　　https://www.asakura.co.jp

〈検印省略〉

Ⓒ 2010〈無断複写・転載を禁ず〉　　　Printed in Korea

ISBN 978-4-254-25036-7　C 3058

JCOPY ＜出版者著作権管理機構 委託出版物＞

本書の無断複写は著作権法上での例外を除き禁じられています．複写される場合は，
そのつど事前に，出版者著作権管理機構（電話 03-5244-5088, FAX 03-5244-5089,
e-mail: info@jcopy.or.jp）の許諾を得てください．

小口幸成編著　佐藤春樹・栩谷吉郎・伊藤定祐・
高石吉登・矢田直之・洞田　治著
機械工学テキストシリーズ2
熱　　力　　学
23762-7 C3353　　　　　B5判 184頁 本体3200円

ごく身近な熱現象の理解から，熱力学の基礎へと進む，初学者にもわかりやすい教科書。〔内容〕熱／熱現象／状態量／単位記号／温度／熱量／理想気体／熱力学の第一法則／第二法則／物質とその性質／各種サイクル／エネルギーと地球環境

佐賀大 門出政則・長崎大 茂地　徹著
基礎機械工学シリーズ8
熱　　力　　学
23708-5 C3353　　　　　A5判 192頁 本体3400円

例題，演習問題やティータイムを豊富に挿入したセメスター対応教科書。〔内容〕熱力学とは／熱力学第一法則／第一法則の理想気体への適用／第一法則の化学反応への適用／熱力学第二法則／実在気体の熱力学的性質／熱と仕事の変換サイクル

横国大 君嶋義英著
基礎からわかる物理学2
熱　　力　　学
13752-1 C3342　　　　　A5判 144頁 本体2500円

理工学を学ぶ学生に必須の熱力学を基礎から丁寧に解説。豊富な演習問題と詳細な解答を用意。〔内容〕熱と分子運動／熱とエネルギー／理想気体の熱力学／カルノーサイクルと熱力学の第2法則／熱サイクルとエンジン／蒸気機関と冷凍機

前北大 松永義夫著
ベーシック化学シリーズ3
入 門 化 学 熱 力 学
14623-3 C3343　　　　　A5判 168頁 本体3200円

高校化学とのつながりに注意を払い，高校教科書での扱いに触れてから大学で学ぶ内容を述べる。反応を中心とする化学の問題に熱力学をどのように結びつけ，どのように活用するかを簡潔明快に説明する。必要な数学は付録で解説

山内　淳・平山　鋭・谷口　仁・東　長雄著
物 理 化 学 の 基 礎
14038-5 C3043　　　　　A5判 224頁 本体3800円

物理化学の基本的な考え方を，多くの図表やトピックスをまじえ平易に解説。大学教養課程の最新テキスト。〔内容〕原子の電子構造／イオン結合とイオン結晶／共有結合と分子の構造／配位結合と錯体の構造／金属結合と金属の性質／他

近藤和生・計良善也・上野正勝・
芝田隼次・谷口吉弘著
物　理　化　学
14050-7 C3043　　　　　A5判 200頁 本体3800円

コンパクトかつ平易にまとめた教科書。〔内容〕気体の物理的性質／熱力学第一法則／熱力学第二法則と第三法則／相平衡／化学平衡／電解質溶液と電池の起電力／化学反応速度／原子構造／化学結合／分子構造／固体の構造と性質

九大 荒井康彦・九大 岩井芳夫編
工学のための 物 理 化 学
25019-0 C3058　　　　　A5判 200頁 本体3200円

工科系学生のために最新の知見をおりまぜ物理化学の基礎を平易に解説。〔内容〕物質の状態／熱力学基本法則／気体分子運動論／分配関数／状態方程式／対応状態原理／相平衡と活量係数／界面物理化学／化学平衡／電気化学／高分子物理化学

北村彰英・久下謙一・島津省吾・進藤洋一・
大西　勲著
基本化学シリーズ6
物　理　化　学
14576-2 C3343　　　　　A5判 148頁 本体2900円

物質を巨視的見地から考えることを主眼として構成した物理化学の入門書。〔内容〕物理化学とは／理想気体の性質／実存気体／熱力学第一法則／エントロピー，熱力学第二，三法則／自由エネルギー／相平衡／化学平衡／電気化学／反応速度

安保正一・山本峻三編著　川崎昌博・玉置　純・
山下弘巳・桑畑　進・古南　博著
役にたつ化学シリーズ1
集 合 系 の 物 理 化 学
25591-1 C3358　　　　　B5判 160頁 本体2800円

エントロピーやエンタルピーの概念，分子集合系の熱力学や化学反応と化学平衡の考え方などをやさしく解説した教科書。〔内容〕量子化エネルギー準位と統計力学／自由エネルギーと化学平衡／化学反応の機構と速度／吸着現象と触媒反応／他

川崎昌博・安保正一編著　吉澤一成・小林久芳・
波田雅彦・尾崎幸洋・今堀　博・山下弘巳他著
役にたつ化学シリーズ2
分 子 の 物 理 化 学
25592-8 C3358　　　　　B5判 200頁 本体3600円

諸々の化学現象を分子レベルで理解できるよう平易に解説。〔内容〕量子化学の基礎／ボーアの原子モデル／水素型原子の波動関数の解／分子の化学結合／ヒュッケル法と分子軌道計算の概要／分子の対称性と群論／分子分光法の原理と利用法／他

上記価格（税別）は2025年8月現在